全国普通高等医学院校药学类专业"十三五"规划教材配套教材

U0746553

分析化学实验指导

（供药学类专业用）

主　编　高金波　吴　红

副主编　李云兰　张梦军　敬永升

编　者（以姓氏笔画为序）

王海波（辽宁中医药大学）	白慧云（长治医学院）
杨　铭（佳木斯大学药学院）	李云兰（山西医科大学）
吴　红（第四军医大学）	张春丽（河南大学药学院）
张梦军（第三军医大学）	陈　璇（山西医科大学）
范　黎（第四军医大学）	姜　珍（沈阳药科大学）
高先娟（齐鲁医药学院）	高金波（佳木斯大学药学院）
敬永升（河南大学药学院）	管　潇（第三军医大学）

中国医药科技出版社

内 容 提 要

  本教材是全国普通高等医学院校药学类专业"十三五"规划教材《分析化学》的配套实验教材，是以满足药学类专业《分析化学》的教学需要为前提编写而成，汇集了多所院校的实践教学经验。

  本教材内容包括化学分析实验和仪器分析实验两大部分，除实验室规则外，按分析化学内容分十二个章，撰写了五十八个实验内容。

  本教材可作为普通高等院校药学、制药工程、药物制剂、生物技术和中药学等专业学习分析化学课程的实验教材，也可作为化工、医学和环境等相关专业学习分析化学课程的实验参考书，还可作为科研单位、医药企业和药品管理机构从事分析化学工作的科研人员的实验参考。

图书在版编目（CIP）数据

  分析化学实验指导／高金波，吴红主编 . —北京：中国医药科技出版社，2016. 2

  全国普通高等医学院校药学类专业"十三五"规划教材配套教材

  ISBN 978-7-5067-7933-3

  Ⅰ. ①分… Ⅱ. ①高… ②吴 Ⅲ. ①分析化学-化学实验-医学院校-教学参考资料

Ⅳ. ①O652. 1

  中国版本图书馆 CIP 数据核字（2016）第 034888 号

美术编辑 陈君杞
版式设计 郭小平

出版 中国医药科技出版社
地址 北京市海淀区文慧园北路甲 22 号
邮编 100082
电话 发行：010-62227427 邮购：010-62236938
网址 www.cmstp.com
规格 787×1092mm $^1/_{16}$
印张 9½
字数 213 千字
版次 2016 年 2 月第 1 版
印次 2017 年 8 月第 2 次印刷
印刷 三河市航远印刷有限公司
经销 全国各地新华书店
书号 ISBN 978-7-5067-7933-3
定价 **22.00 元**

全国普通高等医学院校药学类专业"十三五"规划教材
出 版 说 明

全国普通高等医学院校药学类专业"十三五"规划教材，是在深入贯彻教育部有关教育教学改革和我国医药卫生体制改革新精神，进一步落实《国家中长期教育改革和发展规划纲要》（2010－2020 年）的形势下，结合教育部的专业培养目标和全国医学院校培养应用型、创新型药学专门人才的教学实际，在教育部、国家卫生和计划生育委员会、国家食品药品监督管理总局的支持下，由中国医药科技出版社组织全国近 100 所高等医学院校约 400 位具有丰富教学经验和较高学术水平的专家教授悉心编撰而成。本套教材的编写，注重理论知识与实践应用相结合、药学与医学知识相结合，强化培养学生的实践能力和创新能力，满足行业发展的需要。

本套教材主要特点如下：

1. 强化理论与实践相结合，满足培养应用型人才需求

针对培养医药卫生行业应用型药学人才的需求，本套教材克服以往教材重理论轻实践、重化工轻医学的不足，在介绍理论知识的同时，注重引入与药品生产、质检、使用、流通等相关的"实例分析/案例解析"内容，以培养学生理论联系实际的应用能力和分析问题、解决问题的能力，并做到理论知识深入浅出、难度适宜。

2. 切合医学院校教学实际，突显教材内容的针对性和适应性

本套教材的编者分别来自全国近 100 所高等医学院校教学、科研、医疗一线实践经验丰富、学术水平较高的专家教授，在编写教材过程中，编者们始终坚持从全国各医学院校药学教学和人才培养需求以及药学专业就业岗位的实际要求出发，从而保证教材内容具有较强的针对性、适应性和权威性。

3. 紧跟学科发展、适应行业规范要求，具有先进性和行业特色

教材内容既紧跟学科发展，及时吸收新知识，又体现国家药品标准［《中国药典》（2015年版）］、药品管理相关法律法规及行业规范和 2015 年版《国家执业药师资格考试》（《大纲》、《指南》）的要求，同时做到专业课程教材内容与就业岗位的知识和能力要求相对接，满足药学教育教学适应医药卫生事业发展要求。

4. 创新编写模式，提升学习能力

在遵循"三基、五性、三特定"教材建设规律的基础上，在必设"实例分析/案例解析"

模块的同时，还引入"学习导引""知识链接""知识拓展""练习题"（"思考题"）等编写模块，以增强教材内容的指导性、可读性和趣味性，培养学生学习的自觉性和主动性，提升学生学习能力。

5. 搭建在线学习平台，丰富教学资源、促进信息化教学

本套教材在编写出版纸质教材的同时，均免费为师生搭建与纸质教材相配套的"爱慕课"在线学习平台（含数字教材、教学课件、图片、视频、动画及练习题等），使教学资源更加丰富和多样化、立体化，更好地满足在线教学信息发布、师生答疑互动及学生在线测试等教学需求，提升教学管理水平，促进学生自主学习，为提高教育教学水平和质量提供支撑。

本套教材共计29门理论课程的主干教材和9门配套的实验指导教材，将于2016年1月由中国医药科技出版社出版发行。主要供全国普通高等医学院校药学类专业教学使用，也可供医药行业从业人员学习参考。

编写出版本套高质量的教材，得到了全国知名药学专家的精心指导，以及各有关院校领导和编者的大力支持，在此一并表示衷心感谢。希望本套教材的出版，将会受到广大师生的欢迎，对促进我国普通高等医学院校药学类专业教育教学改革和药学类专业人才培养作出积极贡献。希望广大师生在教学中积极使用本套教材，并提出宝贵意见，以便修订完善，共同打造精品教材。

中国医药科技出版社
2016 年 1 月

全国普通高等医学院校药学类专业"十三五"规划教材
书 目

序号	教材名称	主编	ISBN
1	高等数学	艾国平 李宗学	978 - 7 - 5067 - 7894 - 7
2	物理学	章新友 白翠珍	978 - 7 - 5067 - 7902 - 9
3	物理化学	高 静 马丽英	978 - 7 - 5067 - 7903 - 6
4	无机化学	刘 君 张爱平	978 - 7 - 5067 - 7904 - 3
5	分析化学	高金波 吴 红	978 - 7 - 5067 - 7905 - 0
6	仪器分析	吕玉光	978 - 7 - 5067 - 7890 - 9
7	有机化学	赵正保 项光亚	978 - 7 - 5067 - 7906 - 7
8	人体解剖生理学	李富德 梅仁彪	978 - 7 - 5067 - 7895 - 4
9	微生物学与免疫学	张雄鹰	978 - 7 - 5067 - 7897 - 8
10	临床医学概论	高明奇 尹忠诚	978 - 7 - 5067 - 7898 - 5
11	生物化学	杨 红 郑晓珂	978 - 7 - 5067 - 7899 - 2
12	药理学	魏敏杰 周 红	978 - 7 - 5067 - 7900 - 5
13	临床药物治疗学	曹 霞 陈美娟	978 - 7 - 5067 - 7901 - 2
14	临床药理学	印晓星 张庆柱	978 - 7 - 5067 - 7889 - 3
15	药物毒理学	宋丽华	978 - 7 - 5067 - 7891 - 6
16	天然药物化学	阮汉利 张 宇	978 - 7 - 5067 - 7908 - 1
17	药物化学	孟繁浩 李柱来	978 - 7 - 5067 - 7907 - 4
18	药物分析	张振秋 马 宁	978 - 7 - 5067 - 7896 - 1
19	药用植物学	董诚明 王丽红	978 - 7 - 5067 - 7860 - 2
20	生药学	张东方 税丕先	978 - 7 - 5067 - 7861 - 9
21	药剂学	孟胜男 胡容峰	978 - 7 - 5067 - 7881 - 7
22	生物药剂学与药物动力学	张淑秋 王建新	978 - 7 - 5067 - 7882 - 4
23	药物制剂设备	王 沛	978 - 7 - 5067 - 7893 - 0
24	中医药学概要	周 晔 张金莲	978 - 7 - 5067 - 7883 - 1
25	药事管理学	田 侃 吕雄文	978 - 7 - 5067 - 7884 - 8
26	药物设计学	姜凤超	978 - 7 - 5067 - 7885 - 5
27	生物技术制药	冯美卿	978 - 7 - 5067 - 7886 - 2
28	波谱解析技术的应用	冯卫生	978 - 7 - 5067 - 7887 - 9
29	药学服务实务	许杜娟	978 - 7 - 5067 - 7888 - 6

注：29 门主干教材均配套有中国医药科技出版社"爱慕课"在线学习平台。

全国普通高等医学院校药学类专业"十三五"规划教材
配套教材书目

序号	教材名称	主编	ISBN
1	物理化学实验指导	高　静　马丽英	978 – 7 – 5067 – 8006 – 3
2	分析化学实验指导	高金波　吴　红	978 – 7 – 5067 – 7933 – 3
3	生物化学实验指导	杨　红	978 – 7 – 5067 – 7929 – 6
4	药理学实验指导	周　红　魏敏杰	978 – 7 – 5067 – 7931 – 9
5	药物化学实验指导	李柱来　孟繁浩	978 – 7 – 5067 – 7928 – 9
6	药物分析实验指导	张振秋　马　宁	978 – 7 – 5067 – 7927 – 2
7	仪器分析实验指导	余邦良	978 – 7 – 5067 – 7932 – 6
8	生药学实验指导	张东方　税丕先	978 – 7 – 5067 – 7930 – 2
9	药剂学实验指导	孟胜男　胡容峰	978 – 7 – 5067 – 7934 – 0

前言

    本教材是全国普通高等医学院校药学类专业"十三五"规划教材《分析化学》的配套实验教材，是以全国普通高等医药院校本科《分析化学》教学大纲为指导，以培养应用型优秀药学人才，更好地服务于药品生产、检验、经营与管理和临床合理用药等为宗旨，以满足药学类专业分析化学实验的教学需要，帮助学生做好分析化学实验为目标进行编写的。

    本实验教材是在《分析化学》教材编写的基础上，由多年在实践教学中有着丰富经验的各编委，用他们的心血精心设计编排，相互借鉴了各编委院校的开课经验和优势，以各院校实验教材为蓝本，经综合补充修订而成，更适合于大多数院校开展实验的教学需要。

    根据分析化学是一门实践性较强的学科特点，欲通过《分析化学实验》的教学，从而加强学生操作能力和创新能力的培养。所以，在实验内容的选择上，精选了有代表性的实验项目，既考虑到配合分析化学理论教学的典型性，同时也注意到实践教学的实用性，并适当将一些药物分析常需检测的项目编排为实验内容（实验三十三和实验四十等）。此外，还编写了4个综合设计性较强的实验。在实验设计中尽量选择那些简单易得的样品作为分析实验的材料，以方便大多数院校对实验项目的开展实施。

    本实验教材由高金波、吴红、李云兰、张梦军、敬永升、杨铭、王海波、高先娟、白慧云、姜珍、陈璇、张春丽、范黎、管潇14位编者共同编写而成。在编写中也得到了全体编者所在院校和相关单位的大力支持，在此一并感谢。

    本实验教材可作为普通高等院校药学、制药工程、药物制剂、生物技术和中药学等相关专业学习分析化学课程的实验教科书，也可作为化工、生物、医学和环境等相关专业学习分析化学的实验参考书。

由于编者水平与经验有限，教材中错误之处在所难免，恳请广大读者能给予批评指正。

编　者

2015 年 10 月

目录
CONTENTS

实验室的实验规则与安全守则

一、实验规则

化学实验室是进行科学实验及对学生进行科学训练的场所，了解实验室规则是保持良好实验环境和正常工作秩序、防止意外事故、圆满完成实验的重要前提和保证。请同学们务必遵守以下规则。

1. 实验前要认真预习有关实验的全部内容，并写好预习报告。通过预习，明确实验目的和要求；明确实验的基本原理、步骤和有关操作技术，熟悉实验所需的药品、仪器和装置，了解实验中的注意事项。

2. 遵守纪律，不迟到，不早退。进入实验室时，先熟悉实验室及其周围环境，尤其是水、电、燃气、各种阀门等所在位置。严格遵守实验室的各项规章制度。

3. 实验过程中保持安静，不大声谈笑，不擅离实验岗位。实验室内严禁饮食、吸烟、听音乐，集中精力，正确操作。爱护公共财物，小心使用仪器和实验设备。

4. 实验中严格遵守水、电、煤气、易爆、易燃以及有毒药品等的安全规则。注意节约水、电和试剂。

5. 实验前，先清点所用仪器、物品、试剂等是否齐全，若有缺少和破损，立即向指导教师声明补领。如在实验过程中损坏仪器，及时报告，并如实登记，经指导教师签字后交实验室工作人员处理。

6. 严格按照实验指导规定的操作步骤、试剂用量进行实验，若要更改，必须征得指导教师的同意方可进行。仔细观察各种现象，并如实地详细记录在预习报告中，严禁弄虚作假、随意涂改数据或拼凑结果。实验过程中如出现问题，应立即向指导教师汇报，以便得到及时解决和处理。

7. 使用药品时应注意下列几点。

（1）药品应按实验内容中的规定量取用，如果书中未规定用量，应注意节约，尽量少用。

（2）取用固体药品时，注意勿使其撒落在实验台上。

（3）药品自试剂瓶中取出后，不应倒回原瓶中，以免带入杂质而引起瓶中药品污染变质。

（4）试剂瓶用过后，应立即盖上塞子，并放回原处，以免不同试剂瓶的塞子搞错，混入杂质。

（5）滴管应洗净后使用，一种试剂应对应一个滴管，不允许不洁净的滴管插入试剂瓶中吸取溶液，以免相互污染。

（6）实验完成后要求回收的药品，都应倒入回收瓶中。

8. 未经教师允许不得擅自操作精密仪器，使用时要爱护仪器。使用后要在仪器使用记录本上登记，并经教师检查。

9. 保持实验台面整齐清洁，公用药品和仪器应在原位置取用，不得随意挪动。废纸、火柴梗和废液等应倒入废物缸内，严禁倒入水槽内，以防水槽堵塞和腐蚀下水管道。实验完毕应将玻璃仪器洗净收好，抹净实验台面，整理好试剂药品。值日生负责打扫和整理实验室，检查水、电和门窗是否关好，检查无误后报告老师，经教师允许方可离开。

10. 实验后需对实验现象认真分析和总结，对原始数据进行认真处理，最后对实验结果进行讨论。根据不同的实验要求写出不同格式的实验报告，交给指导教师批阅。

二、实验室安全守则

在化学实验室中，经常使用水、电、煤气、大量易破损的玻璃仪器和一些具有腐蚀性甚至易燃、易爆或有毒的化学试剂。所以安全是非常重要的，如何避免爆炸、着火、中毒、灼伤、割伤、触电等这些事故的发生？一旦发生又如何急救？

为确保实验者的人身和实验室的安全，不污染环境或少污染环境，在实验中必须严格遵守实验室的安全守则。

1. 禁止在实验室内吸烟、饮食。饮食用具不得带入实验室，以防毒物污染，离开实验室及饭前要洗净双手。

2. 浓酸和浓碱具有腐蚀性，配制溶液时，应特别注意。如稀释浓硫酸时，应将浓硫酸慢慢地沿器壁注入水中，并不断搅动。切勿将水注入浓硫酸中，以免产生局部过热，使得浓硫酸溅出，引起烧伤。

3. 自瓶中取用试剂后，应立即盖好试剂瓶盖。绝不可将取出的试剂或试液倒回原试剂或试液贮存瓶内，以免发生污染。妥善处理无用的或沾污的试剂，固体弃于废物缸内，对无环境污染液体，用大量水冲入下水道。

4. 汞盐、砷化物、氰化物等剧毒物品，使用时应特别小心。氰化物不能接触酸，否则产生 HCN，剧毒！氰化物废液应倒入碱性亚铁盐溶液中，使其转化为亚铁氰化铁盐，然后直接倒入下水道中。H_2O_2 能腐蚀皮肤。接触过化学药品后应立即洗手。

5. 将玻璃管、温度计或漏斗插入塞子前，用水或适当的润滑剂润湿，用毛巾包好再插，两手不要分得太开，以免折断划伤手。

6. 使用酒精灯，应随用随点，不用时盖上灯罩。不要用已点燃的酒精灯去点燃别的酒精灯，以免酒精流出而失火。

7. 嗅闻瓶中气体的气味时，鼻子不能直接对着瓶口（或管口），而应用手把少量气体轻轻扇向自己的鼻子。开启瓶盖时，绝不可将瓶口对着自己或他人的面部。夏季开启瓶盖时，最好先用冷水冷却。如不小心溅到皮肤和眼内，应立即用水冲洗，然后用 5% 碳酸氢钠溶液（酸腐蚀时采用）或 5% 硼酸溶液（碱腐蚀时采用）冲洗，最后用水冲洗。

8. 使用有机溶剂（乙醇、乙醚、苯、丙酮等）时，一定要远离火焰和热源。用后应将瓶塞盖紧，放在阴凉处保存。

9. 下列实验应在通风橱内进行。

（1）制备或反应产生具有刺激性的、恶臭的或有毒的气体（如 H_2S，NO_2，Cl_2，CO，SO_2，Br_2，HF 等）时。

（2）加热或蒸发 HCl、HNO_3、H_2SO_4 或 H_3PO_4 等溶液时。取浓 $NH_3 \cdot H_2O$、HCl、HNO_3、H_2SO_4 及 $HClO_4$ 等易挥发的试剂时，最好也应在通风橱内操作。

（3）溶解或消化试样时。

10. 如化学灼伤应立即用大量水冲洗皮肤，同时脱去污染的衣服；眼睛受化学灼伤或异物入眼，应立即将眼睁开，用大量水冲洗，至少持续冲洗 15min；如烫伤，可在烫伤处抹上黄色的苦味酸溶液或烫伤软膏。严重者应立即送医院治疗。

11. 加热或进行激烈反应时，人不得离开。

12. 使用电器设备时，应特别细心，切不可用湿的手去开启电闸和电器开关。凡是漏电的仪器不要使用，以免触电。

13. 使用精密仪器时，应严格遵守操作规程，仪器使用完毕后，将仪器各部分旋钮恢复到原来的位置，关闭电源，拔去插头。

14. 了解实验室的基本情况，有哪些危险品，关注实验台、洗涤台、通风橱、废液回收桶、电源、钢瓶、压力容器、管道煤气等基本设施；了解实验室的灭火细沙和灭火器，淋洗器、洗眼器等。

15. 避免以下情况出现：①无人看守时加热；②无人看守循环水；③中途加入沸石；④向正在燃烧的酒精灯添加酒精类物质；⑤冰箱里放置易燃易爆品，如石油醚、丙酮、苯、丁烷气等化学物品（当遇到冰箱启动、照明点亮灯等可能放出的火花而会燃烧爆炸）。

16. 发生事故时，要保持冷静，采取应急措施，防止事故扩大，如切断电源、气源等，并报告老师。

以上守则要严格遵守，确保实验在安全的环境下顺利有序进行。

（高金波）

第一章　分析化学实验的基本知识与基本操作

第一节　分析化学实验的目的、任务和要求

分析化学是一门实践性很强的课程，实验课在其中占有特别重要的地位。

一、分析化学实验的主要任务和目的

1. 学生通过分析化学实验的学习，可以巩固、扩大和加深对分析化学基本理论的理解，正确和较熟练掌握分析化学的基本操作技术，充实实验基本知识，学习并掌握重要的分析方法，具有初步进行科学实验的能力。

2. 提高学生观察、分析和解决问题的能力，培养学生严谨的工作作风和实事求是的科学态度，树立准确的"量"的概念。学会正确、合理地选择分析方法、实验仪器、所用试剂和实验条件进行实验，确保分析结果的准确度。

3. 掌握实验数据的处理方法，正确记录、处理和分析实验数据，写出完整的实验报告。

4. 通过实验，达到培养学生提出问题、分析问题、解决问题的能力和创新能力的目的。

5. 根据所学分析化学的基本理论，所掌握的实验基本知识，设计实验方案，并通过实际操作验证其设计实验的可行性，为学习后读课程和今后解决生产与科学研究中的有关问题打下基础。

二、分析化学实验的要求

为了更好的完成实验任务、达到实验目的，对参加分析化学实验学生提出以下基本要求。

1. 认真预习　每次实验前必须明确实验目的和要求，理解分析方法和分析仪器工作的基本原理，熟悉实验内容和操作程序及注意事项，提出不清楚的问题，写好预习报告，做到心中有数。

2. 仔细实验，如实记录，积极思考　实验过程中，要认真地学习有关分析方法的基本操作技术，在教师的指导下正确使用仪器，要严格按照规范进行操作。细心观察实验现象，及时将实验条件和现象以及分析测试的原始数据记录于实验记录本上，不得随意涂改；同时要勤于思考分析问题，培养良好的实验习惯和科学作风。

3. 认真写好实验报告　根据实验记录的数据进行认真整理、分析、归纳、计算，并及时写好实验报告。实验报告一般包括实验名称、实验日期、实验原理、主要试剂和仪器及其工作条件、实验步骤、实验数据（或图谱）、分析处理过程、实验结果和讨论。实验报告应简明扼要，图表清晰。

4. 严格遵守实验室规则，注意安全 保持实验室内安静、整洁。实验台面保持清洁，仪器和试剂按照规定摆放整齐有序。爱护实验仪器设备，实验中如发现仪器工作不正常，应及时报告教师处理。实验中要注意节约所用的药品、耗材。安全使用电、煤气和有毒或腐蚀性的试剂。每次实验结束后，应将所用的试剂及仪器复原，清洗好用过的器皿，整理好实验室。

（敬永升）

第二节 常用试剂的规格和实验用水

一、化学试剂的规格

化学试剂的规格是以其中所含杂质多少来划分的，一般分为四个等级，其规格和适用范围见表1-1。

表1-1 试剂规格和适用范围

等 级	名 称	英文名称	符号	适用范围	标签标志
一级品	优级纯（保证试剂）	guaranteed reagent	G. R.	纯度很高，适用于精密分析工作和科学研究工作	绿色
二级品	分析纯（分析试剂）	analytical reagent	A. R.	纯度仅次于一级品，适用于多数分析工作和科学研究工作	红色
三级品	化学纯	chemically pure	C. P.	纯度较二级差些，适用于一般分析工作	蓝色
四级品	实验试剂医用	laboratorial reagent	L. R.	纯度较低，适用于作实验辅助试剂	棕色或其他颜色
	生物试剂	biological reagent	B. R. 或 C. R.		黄色或其他颜色

此外，还有光谱纯试剂、基准试剂、色谱纯试剂等。

光谱纯试剂（符号：S. P.）的杂质含量用光谱分析法已测不出来或者杂质的含量低于某一限度，这种试剂主要用来作为光谱分析中的标准物质。

基准试剂的纯度不低于保证试剂。通常专用作容量分析的基准物质。称取一定量基准试剂稀释至一定体积，一般可直接得到滴定液，不需标定，基准品如标有实际含量，计算时应加以校正。

指示剂纯度往往不太明确，除少数标明"分析纯""试剂四级"外，经常只写明"化学试剂""企业标准"或"部颁暂行标准"等。常用的有机溶剂也常等级不明，一般只可作"化学纯"试剂使用，必要时进行提纯。

在分析工作中，选择试剂的纯度除了要与所使用的分析方法相当外，其他如实验用的水、操作器皿也要与之相适应。若试剂都选用G. R. 级的则不宜使用普通的蒸馏水或去离子水，而应使用经两次蒸馏制得的重蒸馏水。所用器皿的质地也要求较高，使用过程中不应有物质溶到溶液中，以免影响测定的准确度。

选用试剂时，要注意节约，不要盲目追求使用纯度高的试剂，应根据工作具体要求取用。优级纯试剂和分析纯试剂，虽然是市售试剂中的纯品，但有时由于包装不慎而混入杂质，或运输过程中可能发生变化，或储存日久而变质，所以还应具体情况具体分析。对所用试剂的规格有所怀疑时应该进行鉴定。在有些特殊情况下，市售的试剂纯度不能满足要求时，分析者就应自己动手精制。

二、实验用水

纯水是分析化学实验中最常用的纯净溶剂和洗涤剂。根据实验的任务和要求不同，对水的纯度要求也不同。一般的分析实验采用蒸馏水或去离子水即可，而对于超纯物质的分析，则要使用高纯水（一级水）。

纯水质量指标是电导率。我国将分析实验用水分为三级。一、二、三级水的电导率分别小于或等于 $0.01mS/m$、$0.10mS/m$、$0.50mS/m$。化学分析实验常用三级水（一般蒸馏水或去离子水），仪器分析实验多用二级水（多次蒸馏水或离子交换水）。本书中提及的"水"均指符合上述各自要求的水。纯水在贮存和与空气接触中都会引起电导率的改变。水越纯，其影响越显著。一级水必须临用前制备，不宜存放。

（敬永升）

第三节　电子天平及称量方法

电子天平是利用电子装置完成电磁力补偿的调节，使物体在重力场中实现力的平衡，或通过电磁力矩的调节，使物体在重力场中实现力矩的平衡。无刀口刀承，无机械磨损，全部采用数字显示，自动调零，自动校准，自动扣除皮重，只需几秒就可显示称量结果，因此称量速度快。电子天平接计算机和打印机后可具多种功能，是代表发展趋势的最先进的天平。

尽管电子天平的种类繁多，但其使用方法大同小异，具体操作请参看该仪器的使用说明书。下面以上海天平仪器厂生产的 FA2004 型电子天平为例，择要介绍。

一、电子天平简介

1. 仪器外形　如图 1-1 所示。

2. 工作原理　电子天平是根据电磁力补偿原理设计并由微电脑控制，把被测的质量转换成电信号（电压或电流），经模数转换后，以数字和符号显示出称量的结果。

电子天平按结构可分为上皿式和下皿式电子天平。秤盘在支架上面为上皿式，秤盘吊挂在支架下面为下皿式。现以上皿式结构方块图（图 1-2）为例，讨论电子天平的结构原理。

当秤盘负载后，杠杆位移，通过位移传感器（或称光电传感器）检测出一个与被测物质量相关的电流，此电流经前置放大器、比例积分微分控制器和功率放大器，再进入磁场中的驱动线圈，产生平衡力矩，使负载引起杠杆位移恢复零点。流入线圈中的电流与负荷成正比。这电流通过量程选择器被送入模数转换器进行数字化，已数字化的信号输入微型计算芯片并在控制开关导引下完成多种运算功能。最后，在液晶显示器中显示数据，同时可与电脑连接

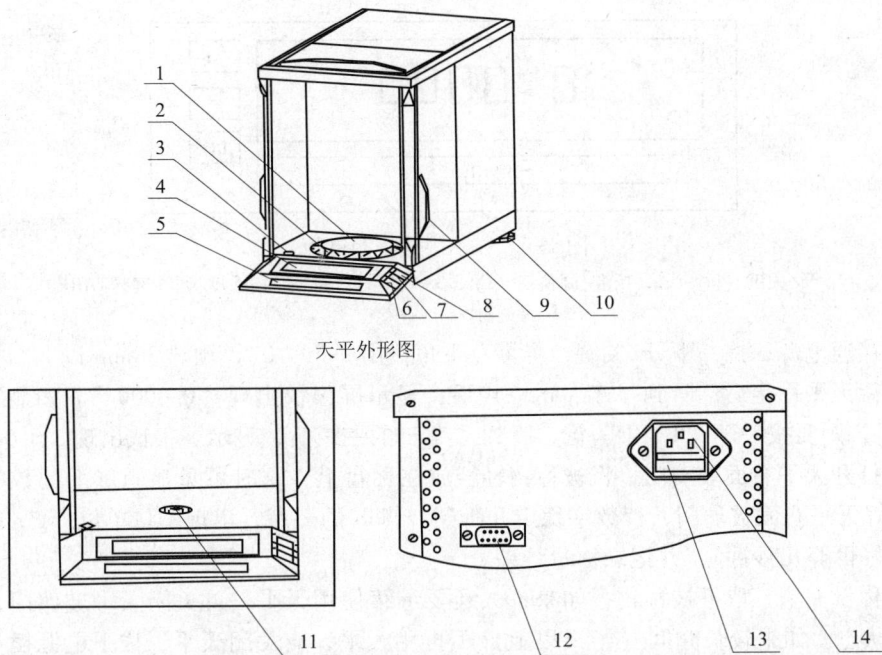

天平外形图

图 1-1　FA2004 型电子天平外形

1. 秤盘；2. 气流罩；3. 水平泡；4. 显示窗；5. TARE 键；6. I/O 键；7. C 键；8. M 键；
9. 门玻璃；10. 水平调整脚；11. 秤盘座；12. RS232C 接口；13. 保险丝盒；14. 电源插座

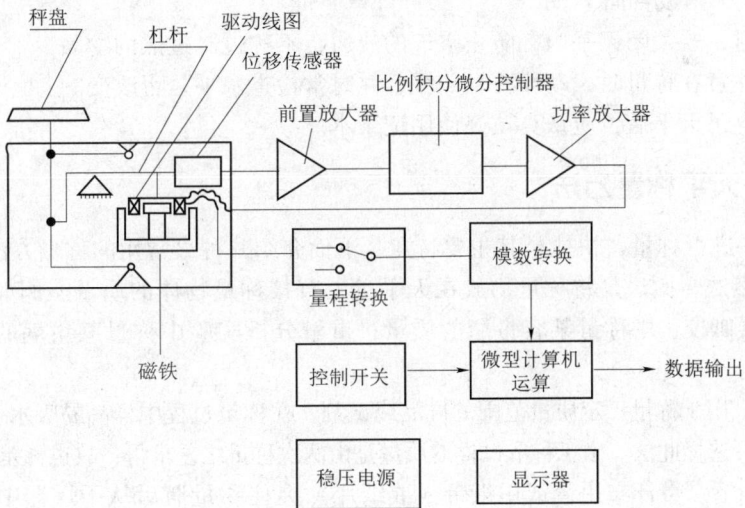

图 1-2　上皿式电子天平结构方块图

进行数据处理，与打印机连接进行数据打印。

3. 使用方法　FA2004 型电子天平的显示屏和控制键板如图 1-3 所示。操作步骤如下。

（1）检查水平仪（在天平罩内面），如不水平，应通过调节天平后边左、右两个水平支脚而使其达到水平状态。

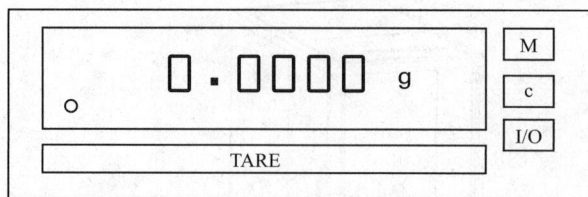

图 1-3　显示屏和控制键板
1. 开/关键（I/ö）；2. 校准/调整键（C）；3. 功能键（M）；4. 除皮/调零键（TARE）

（2）接通电源，按一下开/关键，屏幕左下角显出一个"0"，预热 30min 以上。

（3）待天平稳定后，听到"嘟"的一声后，显示屏很快出现"0.0000g"。如显示的不是"0.0000g"，则要按一下"TARE"键，听到"嘟"的一声后，显示屏很快出现"0.0000g"。

（4）打开天平右面玻璃门，将被称物轻轻放在称盘上，这时可见显示屏上的数字在不断变化，关好天平右面玻璃门，待数字稳定并听到"嘟"的一声，出现质量单位"g"后，即可读数（最好再等几秒钟），并记录称量结果。

（5）称量完毕，取下被称物，如果不久还要继续使用天平，可关闭天平玻璃门，让天平处于待命状态。如果较长时间（半天以上）不再用天平，应关闭天平，拔下电源插头，盖上防尘罩。

4. 注意事项

（1）校准均由实验室工作人员负责完成，学生只按"TARE"键，不要触动其他控制键。

（2）取放称量瓶及瓷坩埚时要注意电子天平玻璃门及液晶显示屏，磕取样品时注意不要将药品洒落到天平内或台面上。

（3）读数时，要关闭天平门，防止空气的流通，不称过冷过热的物品。

（4）特别注意在称量时，动作要轻、缓，并时常检查水平是否改变。

（5）使用电子天平后，应认真填好使用记录本。

二、电子天平称量方法

用电子天平进行称量，快捷是其主要特点。下面介绍几种最常用的称量方法。

1. 直接称量法　此法是将称量物放在天平盘上直接称量物体的质量。例如：称量小烧杯的质量；容量器皿校正中称量某容量瓶的质量；重量分析实验中称量某坩埚的质量等，都使用这种称量法。

2. 减量法　用于称量一定质量范围的样品或试剂。在称量过程中样品易吸水、易氧化或易与 CO_2 等反应时，可选择此法。由于称取试样的质量是由两次称量之差求得，故也称差减法。

称量步骤如下：带汗布手套或用纸带（或纸片）夹住称量瓶后从干燥器中取出事先装入大于称量一份试样量的称量瓶（注意：不要让手指直接触及称量瓶和瓶盖）。将其放入秤盘上，称出称量瓶加试样后的准确质量为 W_1g。再将称量瓶从天平中取出，在接收容器的上方倾斜瓶身，用称量瓶盖轻敲瓶口上部（方法见图 1-5）使试样慢慢落入容器中，瓶盖始终不要离开接受器上方。当倾出的试样接近所需量（可从体积上估计或试重得知）时，一边继续用瓶盖轻敲瓶口，一边逐渐将瓶身竖直，使粘附在瓶口上的试样落回称量瓶，然后盖好瓶盖，放入秤盘上准确称其质量为 W_2g。两次称量的差值，即为所称取的试样质量。重复以上操作，

可称得 W_3g，W_4g……，这样可连续称取多份试样。

第 1 份试样重量 $= W_1 - W_2$（g）；

第 2 份试样重量 $= W_2 - W_3$（g）；……

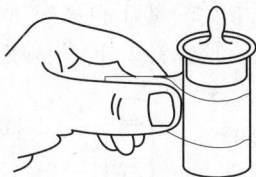

图 1-4　称量瓶的拿法　　　　　　　　图 1-5　倾出试样的方法

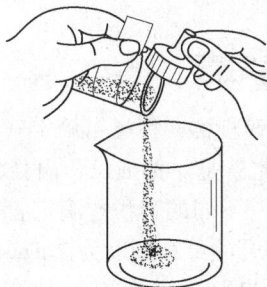

称量时注意：若第一次倒出的试样量不够时，可重复上述操作，再倒出适量试样，直至符合称量范围。但称取一份试样，最好不超过两次倒出所需要的量。若倒出次数过多，因试样吸潮，容易引起误差。如倒出的试样大大超过所需数量时，只能弃去，重新称量。

3. 去皮法称量　去皮称量法（即扣除容器等重量后的称量方法），是电子天平特有的称量方法，主要利用电子天平的去皮键（TARE），它可清除秤盘上所有物品的质量，将天平归零。去皮称量包括增重称量形式和减重称量形式两种。

（1）去皮增重称量形式　该法可以称出固定质量的试样重量。由于这种称量操作的速度很慢，适于称量不易吸潮、在空气中能稳定存在的粉末状或小颗粒（最小颗粒应小于 0.1mg，以便容易调节其质量）试样。称量方法是：将洁净干燥的小烧杯（或称量纸）放于秤盘上，按下去皮键（TARE），当屏幕显示 0.0000g 时，用药匙取要称量的试样小心地置于小烧杯（或称量纸）的上方，轻轻振动手臂将部分试样落于小烧杯（或称量纸）中，直至显示重量接近所需称量的质量，关闭天平侧门，读出准确质量。注意：若不慎加入试剂超过指定质量，可用药匙轻轻取出多余试样。

（2）去皮减重称量形式　相对于增重称量形式而言，去皮法减重形式是以天平上的容器内试样量的减少值为称量结果的一种称量形式。称量时将装有试样的称量瓶放在电子天平的秤盘上，显示稳定后，按一下去皮键（TARE）使显示为 0.0000g，然后取出称量瓶向接受容器中敲出一定量试样，再将称量瓶和剩余的试样放在秤盘上称量，屏幕显示负值读数，如果所示重量（不考虑"—"号）达到要求范围，即可记录称量结果。若需连续称取第二份试样，则再次按下去皮键（TARE）键，显示为 0.0000g 后，取出向第二容器中转移试样。如此反复操作，可连续称取多份试样。

（敬永升）

第四节　容量仪器的使用方法

定量分析常用仪器大部分都是玻璃制品，图例参见附录一。

玻璃仪器按玻璃性能可分为：可加热的和不可加热的两种。可加热的有：烧杯、烧瓶、试管等；不可加热的有：试剂瓶、移液管、吸量管、滴定管、容量瓶、称量瓶、量筒等。

　　按用途可分为：容器类、量器类、特殊用途类。容器类，如烧杯、试剂瓶、锥形瓶、称量瓶等；量器类，如移液管、滴定管、容量瓶等；特殊用途类，如干燥器、漏斗、洗瓶等。

　　下面介绍几种在容量分析中常使用的玻璃仪器：滴定管、容量瓶、移液管或吸量管的使用方法。

一、滴定管

　　1. 滴定管规格、种类　滴定管是用来进行滴定的器皿，用于测量在滴定中所用标准溶液的体积。滴定管是一种细长、内径大小均匀而具有刻度的玻璃管，管的下端有玻璃尖嘴，有25ml、50ml等不同的容积。滴定管的最小刻度值与其容积有关，如50ml滴定管的最小刻度为0.1ml，读数可估计到0.01ml，如：0.06ml，24.02ml等。滴定时，所用标准溶液的体积可由滴定前后管内液面的差值来计算，故一般最大读数误差为±0.02ml。

　　滴定管可分为两种：一种是酸式滴定管，另一种是碱式滴定管（图1-6）。酸式滴定管的下端有玻璃活塞，可装入酸性或氧化性滴定液，不能装入碱性滴定液，因为碱性滴定液可使活塞与活塞套黏合，难于转动。碱式滴定管用来盛放碱性溶液，它的下端连接一橡皮管，橡皮管内放有玻璃珠以控制溶液流出，橡皮管下端再接有一尖嘴玻璃管。凡是能与橡皮管起反应的溶液，如高锰酸钾、碘等溶液，都不能装入碱式滴定管中。

　　2. 滴定管的使用　滴定管的使用要遵循："两检、三洗、一排气，正确装液，注意手法，边滴边摇，一滴变色"的使用原则。

　　（1）两检　一是检查滴定管是否破损；二是检查滴定管是否漏水，如是酸式滴定管还要检查玻璃塞旋转是否灵活。

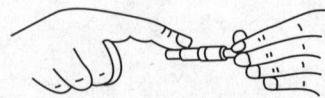

酸式滴定管　　碱式滴定管

图1-6　滴定管

　　检查酸式滴定管时，把活塞关闭，用自来水或蒸馏水充满至零刻线以上，直立约2分钟，仔细观察有无水从活塞隙缝渗出，然后将活塞旋转180°，再观察2分钟，如无水滴滴下，隙缝中也无水渗出，表示滴定管不漏水，即可洗涤使用。若滴定管漏水，可按下面方法处理：放出滴定管中的水，把滴定管平放在桌面上，先取下活塞上的小橡皮圈，再取下活塞（图1-7），用滤纸或吸水纸擦干活塞和活塞槽，用食指粘少许凡士林在活塞的两端涂上薄薄的一层（图1-8），不要涂到中间有孔处，也不要涂得太厚，把活塞插入活塞槽内，转动活塞，外面观察活塞与活塞槽接触的地方应该是透明状态，而且活塞转动灵活。将滴定管放在桌上，一手顶住活塞大头，一手套好橡皮圈，再检查是否漏水，如还漏水则需重新涂凡士林或检查活塞严密程度，如属严密程度不好则更换新的滴定管。

图1-7　取出活塞

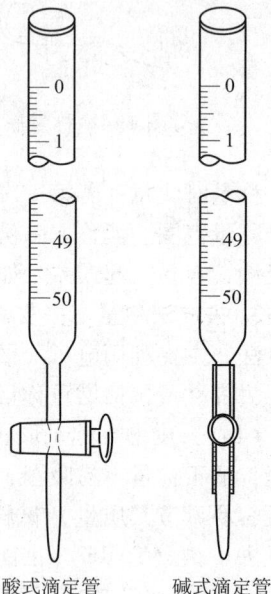

图1-8　涂凡士林

　　检查碱式滴定管，用自来水充满至零刻线以上，直立约2分钟，观察尖嘴有无水渗出，手捏玻璃珠使水流下一部分后，再直立2分钟并观察之。如碱式滴定管漏水，可将橡皮管中的玻璃珠转动一下或者略微向上或向下移动，这样处理后，仍然漏水，则需要更换玻璃珠或橡皮管。

（2）三洗　滴定管在使用前必须洗净。一洗：当没有明显污染时，可以直接用自来水冲洗。如果其内壁沾有油脂性污物，则可用肥皂液、合成洗涤液或 Na_2CO_3 溶液润洗，必要时把洗涤液先加热，并浸泡一段时间。所有洗涤剂在洗涤容器后，都要倒回原来盛装的瓶中。铬酸洗液因其具有很强的氧化能力，而对玻璃的腐蚀作用极小，但考虑到六价铬对人体有害，不要多用。无论用肥皂液、洗液等都需要用自来水充分洗涤。二洗：用蒸馏水淌洗 2~3 次，每次用 5~10ml 蒸馏水。三洗：用欲装入的标准溶液最后淌洗 2~3 次，每次用 5~10ml 溶液，以除去残留的蒸馏水，保证装入的标准溶液与试剂瓶中的溶液浓度一致。

淌洗的方法是：加入溶液约 5~10ml，然后两手平端滴定管，慢慢转动使溶液润湿整个滴定管，再把滴定管竖起，打开滴定管活塞或捏挤玻璃珠，使溶液从出口管下端流出；特别注意：一定要使溶液洗遍全管，而且是溶液接触管壁 1~2 分钟，以便与原来残余溶液混合均匀，然后再由下端放出。

（3）标准溶液的装入　装入标准溶液之前先将试剂瓶中的标准溶液摇匀，装时，先把活塞完全关好。然后左手三指拿住滴定管上部无刻度处，滴定管可以稍微倾斜以便接受溶液，右手拿住试剂瓶往滴定管中倒溶液。小瓶可以手握瓶肚（瓶签向手心）拿起来慢慢倒入，大瓶可以放在桌上，手拿瓶颈使瓶倾斜让溶液慢慢倾入滴定管中，直到溶液充满零刻度以上为止。注意装液时，决不能借助于其他仪器（如滴管、漏斗、烧杯等）进行，一定要用试剂瓶直接装入。如标准溶液在容量瓶中，则由容量瓶直接装入。

（4）排气　即排除滴定管下端的气泡。将标准溶液加入滴定管后，应检查活塞下端或橡皮管内有无气泡。如有气泡，对于酸式滴定管可以迅速转动活塞，使溶液急速流出，以排除空气泡。对于碱式滴定管先将滴定管倾斜，将橡皮管向上弯曲，并使滴定管嘴向上，然后捏挤玻璃珠上部，让溶液从尖嘴处喷出，使气泡随之排出（图1-9）。橡皮管内气泡是否排出橡皮管对光照着检查一下。排除气泡后，调节液面在"0.00"ml 刻度，或在"0.00"刻度以下处，并记下初读数。

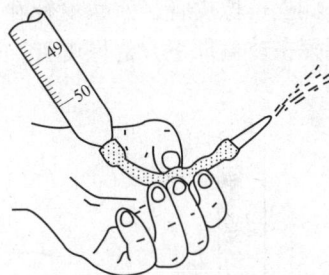

图1-9　碱式滴定管排气

（5）滴定管的读数　手拿滴定管上端无溶液处使滴定管自然下垂，并将滴定管下端悬挂的液滴除去后，眼睛与液面在同一水平面上，进行读数，要求读准至小数点后两位。读数方法如下。

普通滴定管装无色溶液或浅色溶液时，读取弯月面下缘最低点处；对溶液颜色太深，无法观察下缘时，应从液面最上缘读数。读取时，视线和刻度应在同一水平面上，如图1-10所示，最好面向光亮处，滴定管的读数是自上而下的，应该读到小数点后第二位（即要求估计到±0.01ml），在装好标准溶液或放出标准溶液后，都必须等 1~2 分钟，使溶液完全从器壁上流下后再读数。为了便于读数，可采用读数卡。读数卡是用涂有黑色的长方形（约 3cm×1.5cm）的白纸制成的。读数卡放在滴定管背后，使黑色部分在弯月面下约 1mm 处，即可看到弯月面的反射层成为黑色，如图1-11所示，然后读此黑色弯月面下缘的最低点。溶液颜色深而读取最上缘时，就可以用白纸作为读数卡。

带有白底蓝线的滴定管，装入溶液无色时，应读取上（细）下（粗）两蓝线的交点处。

读数时视线应与此点在同一水平面上，如图 1-12 所示，装有色溶液时，如观测不到蓝线时，读数方法可与上述普通滴定管相同。

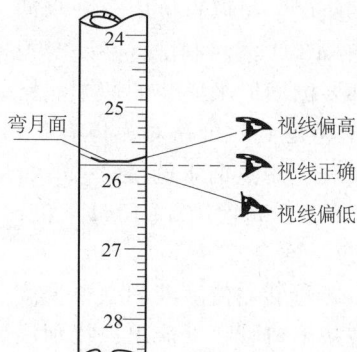

弯月面

视线偏高
视线正确
视线偏低

图 1-10　正确读数法　　图 1-11　使用黑白板读数　　图 1-12　蓝线管的读数

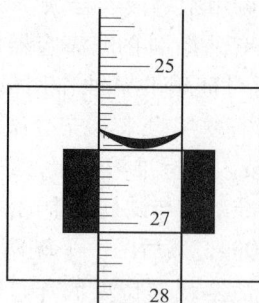

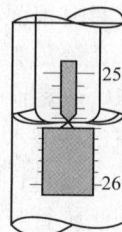

不管使用哪种方法读数，最初读数和最终读数应采用同一标准，读数后，应立即记录，记录后再读一次，以资核对。

（6）滴定操作　使用酸式滴定管滴定时左手控制活塞，大拇指在前，食指和中指在后，手指略微弯曲，轻轻向内扣住活塞（图 1-13），注意手心不要顶住活塞，以免将活塞顶出，造成漏液。右手持锥形瓶，使瓶底向同一方向作圆周运动。

使用碱式滴定管时，左手拇指在前，食指在后，握住橡皮管中的玻璃珠所在部位稍上处，向外侧捏挤橡皮管，使橡皮管和玻璃珠间形成一条缝隙（图 1-14），溶液即可流出。但注意不能捏挤玻璃珠下方的橡皮管，否则会造成空气进入形成气泡。

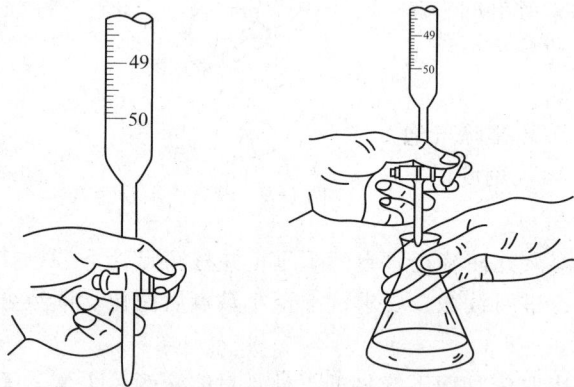

图 1-13　酸式滴定管的滴定操作　　　　　图 1-14　碱式滴定管的滴定操作

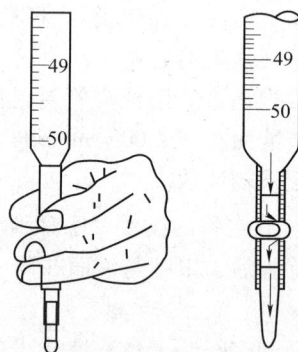

滴定时，左手控制溶液流量，右手前三指拿住锥形瓶滴定和振摇溶液要同时进行，使滴下的溶液能较快地分散，以进行化学反应。但注意不要使瓶内的溶液溅出。

滴定不可太快，要使溶液逐滴流出而不连成线。滴定速度一般为 10ml/min，即 3~4 滴/秒。滴定过程中，要注意观察标准溶液的滴落点。一般在滴定开始离终点很远时，滴入标准溶液不会引起可见的变化，但滴到离终点很近时，滴落点周围出现暂时性的颜色变化而当即消失。随着离终点愈来愈近，颜色消失渐慢。在接近终点时，新出现的颜色暂时地扩散到较大范围，但转动锥形瓶1~2圈后仍完全消失。此时应不再边滴边摇，而应滴一滴摇几下。通常最后滴入半滴，溶液颜色突然变化，而放置半分钟内不褪，则表示终点已经达到（滴加半滴溶液时，可慢慢控制活塞，使液滴悬挂管尖而不滴落，再用洗瓶以少量的蒸馏水将之冲入锥形瓶中）。滴定过程中，尤其临近终点时，应用洗瓶将锥形瓶壁上的溶液吹洗下去，以免引起误差。滴定也可在烧杯中进行。滴定时边滴边用玻璃棒搅拌烧杯中的溶液（也可使用电动搅拌器）。滴定管用完后，应将剩余的溶液倒出，用水洗净。对于酸式滴定管，若长时间不用，还应将活塞拔出，洗去润滑，在活塞与活塞槽之间夹一小纸片，再系上橡皮圈放置起来。

二、容量瓶

1. 容量瓶的规格 容量瓶是测量容纳液体体积的一种容量器皿，用于准确配制一定浓度的溶液。它是细长颈的梨形平底瓶，带有磨口玻塞或塑料塞，玻塞或塑料塞可用橡皮筋系在容量瓶的颈上。瓶上标有它的容积和规定该容积时的温度，颈上刻有标线。当液体充满到液面与标线相切时，所容纳的液体体积与瓶上所标示的容积刚好相符合。容量瓶常用的有 5ml、10ml、25ml、50ml、100ml、250ml、500ml、1000ml、2000ml 等几种规格，颜色有棕色和无色，棕色容量瓶用来配制不宜见光的试剂溶液。

一般容量瓶都是"量入"式的，瓶上标有"E"字样，但我国目前统一用"In"字样表示"量入"。它表示在标明温度下（一般为20℃），液体充满到标度刻线时，瓶内液体的体积恰好与瓶上标明的体积相同。

2. 容量瓶的使用

（1）使用前应检查 容量瓶体积与要求的是否一致；容量瓶的瓶塞是否已用绳系在瓶颈上；磨口玻塞的容量瓶是否漏水。标度刻线位置距离瓶口是否太近。如果漏水或标线离瓶口太近，它不便混匀溶液，则不宜使用。

检查是否漏水，方法如下：在瓶中放入自来水到标线附近，盖好瓶塞，左手食指按住塞子，右手指尖顶住瓶底边缘，倒立两分钟，观察瓶塞周围是否有水漏出。如果不漏，把瓶直立后，将瓶塞转动180°，再倒立2分钟检查。如不漏水，即可使用。

（2）容量瓶的洗涤 洗涤容量瓶时，先用自来水洗几次，倒出水后，内壁不挂水珠，即可用蒸馏水荡洗三次后，备用。否则，就必须用铬酸洗液洗涤。为此，先尽量倒出瓶内残留的水（以免破坏洗液），再加入10~20ml洗液，倾斜转动容量瓶，使洗液布满内壁，可放置一段时间，然后将洗液倒回原瓶中，再用自来水充分冲洗容量瓶和瓶塞，洗净后用蒸馏水荡洗三次。用蒸馏水荡洗时，一般每次用15~20ml左右，不要浪费。

（3）瓶塞的放置 使用容量瓶时，不要将其玻璃磨口塞随便取下放在桌面上，以免沾污或搞错。欲打开瓶塞操作时，可用右手的食指和中指（或中指和无名指）夹住瓶塞的扁头，这样右手仍可方便地倒出溶液。操作结束后，随即将瓶塞塞回瓶口上。当须两手操作（如转移溶液等）而不能用手指夹住瓶塞时，可用橡皮筋或细绳将瓶塞系于瓶颈上，如图1-15所示。

（4）溶液的配制 在用固体样品配制溶液时，应先将溶质在烧杯中溶解，溶解过程无论吸热或放热，都需将溶液放至室温时，再沿玻璃棒转移到容量瓶中，定量转移溶液时，右手拿玻璃棒，左手拿烧杯，使烧杯嘴紧靠玻璃棒，而玻璃棒则悬空伸入容量瓶口中，棒的下端应靠在瓶颈内壁上，使溶液沿玻璃棒和内壁流入容量瓶中（图1-15），残留在烧杯中的少许溶液，可用少量溶剂（每次用量约5~10ml）洗涤3~5次，洗涤液均沿玻璃棒转入容量瓶中

（这个过程叫做定量转移），然后加溶剂稀释。当瓶内液体容积达到容量瓶容积的三分之二时，盖好瓶塞，将容量瓶沿水平方向旋摇，使溶液初步混匀。再用溶剂稀释至接近标线 1cm 左右，等 1~2 分钟，使黏附在瓶颈内壁的溶剂流下后，用洗瓶或细而长的滴管慢慢滴加溶剂到溶液弯月面下缘最低点与标线相切为止（无论溶液有无颜色，一律按照这个标准）。盖好瓶塞，左手大拇指在前，中指、无名指及小指在后拿住瓶颈标线以上部分，而以食指顶住瓶塞上部，用右手指尖顶住瓶底边缘（图 1-16）。如果容积小于 100ml，最好不用右手指尖顶，因为由此造成的温度变化对较小体积有比较大的影响，而且由于瓶子很小，也没有顶住的必要。

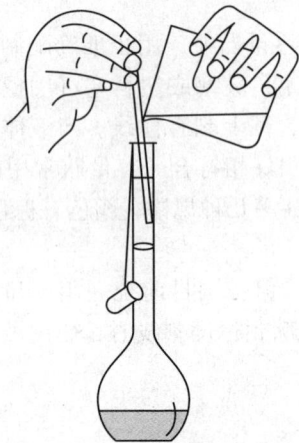

图 1-15　转移溶液　　　　　　　　　　　　图 1-16　混匀溶液

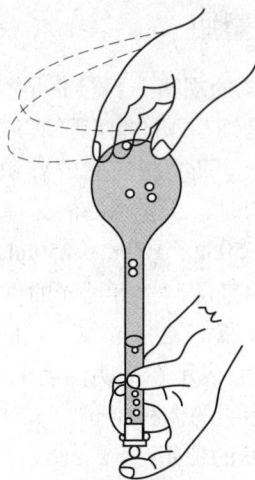

（5）混合均匀　将容量瓶倒转，使气泡上升到顶，再倒转过来仍使气泡上升到顶，如此反复 10~20 次，使溶液充分混匀。

3. 注意事项

（1）在一般情况下，当用水稀释超过标度刻线时，就应该弃去重做。

（2）如果浓溶液稀释，可用移液管吸取一定体积的溶液，放入容量瓶后，按上述方法稀释至标线。

（3）不要用容量瓶储存配好的溶液。配好的溶液需要储存，应该转移到洁净、干燥的试剂瓶中。

（4）容量瓶用完后应及时洗净，在瓶塞和瓶口之间衬一纸条后保存起来。

（5）容量瓶不得在烘箱中烘烤（容量瓶无需干燥），也不能在容量瓶中用任何加热的办法加速溶解。

三、移液管与吸量管

1. 移液管与吸量管的规格　移液管与吸量管都是用于准确移取一定体积液体的容量器皿。移液管中间为一膨大的球部，上下均为较细的管颈，上部有一环形标线，下端有一拉尖的出口，膨大部分的中央刻有数字，标明它的容积和规定该容积的温度。另外还有一种带刻度的移液管，它的中间没有膨大的球部，一般称为吸量管。吸量管可用于吸取非整数的小体积的液体。常用的移液管有 5ml、10ml、20ml、25ml、50ml、100ml 等规格。常用的吸量管有 0.1ml、0.2ml、0.5ml、1ml、2ml、5ml、10ml 等规格，如果需量取 5ml、10ml、25ml…等整数较大体积的液体时，应该用相应大小的移液管，而不要用吸量管。

2. 移液管、吸量管的使用 使用前，先检查两端是否有破损后再洗涤使用。洗涤时，依次用洗液、自来水、蒸馏水洗涤移液管（洗净的移液管内壁应不挂水珠），然后再用被移取的溶液润洗三次，润洗的方法是：先将被移取的溶液倒入小烧杯中一小部分，这样做的目的是以免残留在移液管内壁的蒸馏水稀释被移取的液体，润洗时，每次吸入的量不必太多，吸液体至进球部即可。然后，使移液管平躺并转动让液体润湿整个管的内壁1~2分钟，再直立让液体从下部自然流出。

正式吸取液体时（注意：被吸取的液体不能再倒入小烧杯中，应从原试剂瓶中取用），正确的操作姿势是：用右手拇指和中指拿住移液管上端，将移液管插入待吸液体的液面下约2厘米（不必插入太深，以免外壁粘有过多的液体，也不应插入太浅，以免液面下降时吸入空气，最好边吸边下移移液管），左手捏瘪洗耳球，排去球中的部分空气，将洗耳球口对准移液管上口，按紧勿使漏气，然后捏洗耳球左手轻轻松开（图1-18），使液体从移液管下端徐徐上升。眼睛注意着管中液面上升移液管则随着容器中液体的液面下降而下伸。当液体上升到移液管标线以上时，迅速移去洗耳球，用右手食指按住管口，将移液管下端提离液面并接触瓶颈内壁，然后稍微放松右手食指或轻轻用拇指与中指旋转移液管，使液面缓慢、平稳地下降，直到液体弯月面与标线相切，立即紧按食指，使液体不再流出。

将移液管移入接受容器中，容器稍倾斜而移液管直立并使出口尖端接触器壁，松开食指，让液体自由地顺壁而下（图1-19）。待液体不再流出时，还要稍等片刻（约15秒）再把移液管取出。留在管口的少量液体要根据标识进行处理，如刻有"吹"字，要用洗耳球将其吹入接受容器中，没有"吹"字的切勿将其吹入接受容器中，因为移液管的标示容积是根据自由流出的液体体积确定的。

图1-17 移液管和吸量管   图1-18 吸取溶液操作   图1-19 放出溶液操作

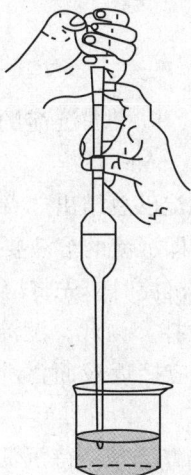

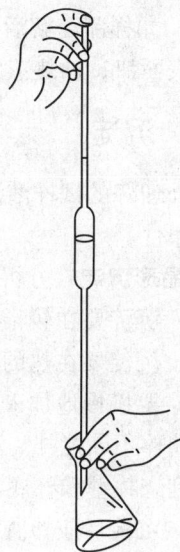

吸量管的操作方法与移液管相同，但应注意，吸量管有三种，凡吸量管上没有标记的，和移液管的操作完全相同；凡吸量管上刻有"吹"字的，使用时必须将管尖内的溶液吹出，不允许保留；凡吸量管上刻有"快"字的，使用时，让管内溶液自然地沿器壁流完后再等待3

秒，即可取出移液管。

移液管使用后，应洗净放在移液管架上。移液管和吸量管都不能放在烘箱中烘烤，以免引起容积变化而影响测量的准确度。

（张春丽）

第五节　重量分析基本操作

一、样品的溶解

1. 准备好洁净的烧杯，选好合适的玻璃棒和表面皿。玻璃棒的长度应比烧杯高 5~7cm，但不要太长。表面皿的直径应略大于烧杯口直径。烧杯内壁和底不应有裂痕。

2. 称取样品于烧杯后，用表面皿盖好烧杯。

3. 样品的溶解过程。溶解样品时应注意以下几点。

（1）溶解样品时，若无气体产生，可取下表面皿，将溶剂顺紧靠烧杯壁的玻璃棒下端加入，或沿烧杯壁加入。边加入边搅拌，直至样品完全溶解，然后盖上表面皿。

（2）溶解样品时，若有气体产生（如白云石等），应先加少量水润湿样品，盖好表面皿，再由烧杯嘴与表面皿间的狭缝滴加溶剂。待气泡消失后，再用玻璃棒搅拌使其溶解。样品溶解后，用洗瓶吹洗表面皿和烧杯内壁。

（3）有些样品在溶解过程须加热时，可在电炉或煤气灯上进行。但一般只能让其微热或微沸溶解，不能暴沸。加热时需盖上表面皿。

（4）如样品溶解后须加热蒸发时，可在烧杯口放上玻璃三角或在烧杯沿上挂三个玻璃钩，再盖上表面皿，加热蒸发。

二、沉淀

对处理好的试样溶液需进行沉淀时，应根据沉淀的晶形或非晶形沉淀的性质，选择不同的沉淀条件。

1. 晶形沉淀　分析工作者对晶形沉淀已总结出"稀、热、慢、搅、陈"的沉淀方法，即：

（1）沉淀要在较稀的溶液中进行，即沉淀的溶液要冲稀一些；

（2）沉淀要在热的溶液中进行，即沉淀时应先将溶液和沉淀剂加热后进行；

（3）要慢慢地加入沉淀剂，同时搅拌。为此，沉淀时，左手拿滴管逐滴加入沉淀剂，右手持玻璃棒不断搅拌。滴加时，滴管口应接近液面，避免溶液溅出。搅拌时需注意不要将玻璃棒碰到烧杯壁和杯底。

（4）沉淀后应检查沉淀是否完全。方法是：待沉淀下沉后，滴加少量的沉淀剂于上清液中，观察是否出现浑浊。

（5）沉淀完后，盖上表面皿，放置过夜或在水浴锅上加热一小时左右，使沉淀陈化。

2. 非晶形沉淀　非晶形沉淀的沉淀条件，沉淀时宜用较浓的沉淀剂溶液，沉淀剂和溶液需适当加热，加入沉淀剂和搅拌的速度均可快些，沉淀完全后要用蒸馏水稀释，不必放置陈化，趁热过滤。有时还须加入电解质等。

三、过滤和洗涤

1. 用滤纸过滤

（1）滤纸的选择 滤纸分定性滤纸和定量滤纸两种。重量分析中，当须将滤纸连同沉淀物一起灼烧后称重时，就使用定量滤纸。根据沉淀的性质可选择不同类型的滤纸进行过滤，如 $BaSO_4$、$CaC_2O_4 \cdot 2H_2O$ 等细晶形沉淀，应选用"慢速"滤纸。而 $Fe_2O_3 \cdot nH_2O$ 为胶体沉淀，需选用"快速"滤纸过滤。滤纸的大小应根据沉淀量多少来选择，沉淀一般不要超过滤纸圆锥高度的三分之一，最多不超过二分之一。

（2）漏斗的选择 漏斗锥体角度应为 60°，颈的直径不能太大，一般应为 3~5mm，颈长为 15~20mm，颈口处磨成 45°度角，如图 1-20 所示。漏斗的大小应与滤纸的大小相适应。使折叠后的滤纸的上缘低于漏斗上缘 0.5~1cm，绝不能超出漏斗边缘。

（3）滤纸的折叠和漏斗的准备 滤纸一般按四折法折叠，折叠时，应将手洗干净，擦干，以免弄脏滤纸。滤纸的折叠方法是先将滤纸整齐地对折，然后再对折，这时不要把两角对齐，如图 1-21（a）所示，将其打开后成为顶角稍大于 60°的圆锥体，如图 1-21（b）所示。

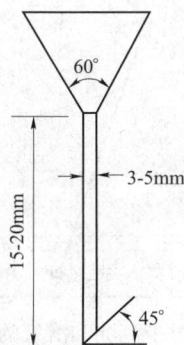

图 1-20 漏斗规格

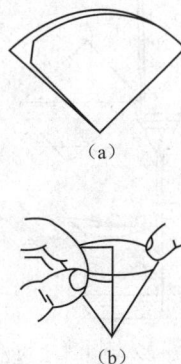

图 1-21 滤纸折叠的方法

为了保证滤纸和漏斗密合，第二次对折时不要折死。先把圆锥体打开，放入洁净而干燥的漏斗中，如果上边边缘不十分密合，可以稍稍改变滤纸折叠的角度，直到与漏斗密合为止。用手轻按滤纸将第二次的折边折死，所得圆锥体的半边为三层，另半边为一层。然后取出滤纸，将三层厚的一边紧贴漏斗外层撕下一角，保存于干燥的表面皿上备用。

将折叠好的滤纸放入漏斗中，且三层的一边应放在漏斗出口短的一边。用食指按紧三层的一边，用洗瓶吹入少量的水将滤纸润湿，然后轻轻按滤纸边缘，使滤纸的锥体上部与漏斗间没有空隙（注意三层与一层之间应与漏斗密合），而下部与漏斗内壁形成隙缝。按好后，用洗瓶加水至滤纸边缘，这时空隙与漏斗颈内应全部被水充满，当漏斗中水全部流尽后，颈内水柱仍保留且无气泡。

若不形成完整的水柱，可以用手堵住漏斗下口，稍掀起滤纸三层的一边，用洗瓶向滤纸与漏斗间的空隙里加水，直到漏斗颈和锥体的大部分被水充满，然后按紧滤纸边，放开堵住出口的手指，此时水柱即可形成。

最后再用蒸馏水冲洗一次滤纸，然后将准备好的漏斗放在漏斗架上，下面放一洁净的烧杯盛接滤液，使漏斗出口长的一边紧靠杯壁，漏斗和烧杯上均盖好表面皿。

（4）过滤　过滤一般分三个阶段进行。第一阶段采用"倾泻法"，尽可能地过滤清液（图1-22）。用蒸馏水冲洗沉淀后，仍用倾泻法过滤清液；第二阶段是将沉淀转移到漏斗上；第三阶段是清洗烧杯和洗涤漏斗上的沉淀。

采用倾泻法是为了避免沉淀堵塞滤纸的空隙，影响过滤速度。待烧杯中沉淀下降以后，将清液倾入漏斗中，而不是一开始过滤就将沉淀和溶液搅混进行过滤。溶液应沿着玻璃棒流入漏斗中而玻璃棒的下端对着滤纸三层厚的一边，并尽可能地接近滤纸，但不能接触滤纸。倾入的溶液一般不要超过滤纸高度的三分之二，或离滤纸上边缘至少5mm，以免少量沉淀因毛细管作用越过滤纸上缘造成损失。暂停倾泻溶液时，烧杯应沿玻璃棒使其嘴向上提起，至使烧杯直立，以免使烧杯嘴上的溶液流失。

过滤过程中，带有沉淀和溶液的烧杯放置方法如图1-23所示，即在烧杯下面放一木块，使烧杯倾斜，以利沉淀和清液分开，便于转移清液。同时玻璃棒不要靠在烧杯嘴上，避免烧杯嘴上的沉淀沾在玻璃棒上部而损失。倾泻法如一次不能将清液倾注完时，应待烧杯中沉淀下沉后再次倾注。

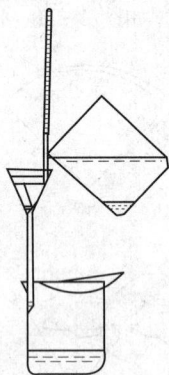

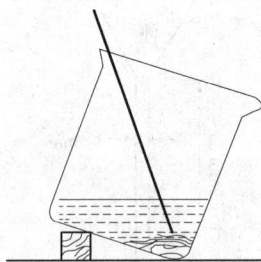

图1-22　倾斜法过滤　　　　　　　　图1-23　过滤时带沉淀和溶液的烧杯放置方法

倾泻法将清液完全转移后，应对沉淀作初步洗涤。洗涤时，用洗瓶每次约10ml洗涤液吹洗烧杯四周内壁，使黏附着的沉淀集中在杯底部，每次的洗涤液均用倾泻法过滤，如此洗涤3~4次杯内沉淀。然后再加少量洗涤液于烧杯中，搅动沉淀使之混匀，立即将沉淀和洗涤液一起，提高玻璃棒转移至漏斗上。再加入少量洗涤液与烧杯中，搅拌混匀后再转移至漏斗上。如此重复几次，使大部分沉淀转移至漏斗中。然后，按图1-24（a）所示的吹洗方法将沉淀吹洗至漏斗中。即用左手把烧杯拿在漏斗上方，烧杯嘴向着漏斗，拇指在烧杯嘴下方，同时，右手把玻璃棒从烧杯中取出横在烧杯口上，使玻璃棒伸出烧杯嘴约2~3cm。然后用左手食指按住玻璃棒的较高地方，倾斜烧杯使玻璃棒下端指向滤纸三层一边，用右手以洗瓶吹洗整个烧杯壁，使洗涤液和沉淀沿玻璃棒流入漏斗中。如果仍有少量沉淀牢牢地黏附在烧杯壁上而吹洗不下来时，可将烧杯放在桌上，用沉淀帚［如图1-24（b）所示，它是一头带橡皮的玻璃棒］，在烧杯内壁自上而下、自左至右擦拭，使沉淀集中在底部。再按图1-24（a）操作将沉淀吹洗入漏斗上。对牢固地黏在杯壁上的沉淀，也可用前面折叠滤纸时撕下的滤纸角，来擦拭玻璃棒和烧杯内壁，将此滤纸角放在漏斗的沉淀上。

经吹洗、擦拭后的烧杯内壁，应在明亮处仔细检查是否吹洗干净，包括玻璃棒、表面皿、沉淀帚和烧杯内壁在内，都要认真检查。

必须指出，过滤开始后，应随时检查滤液是否透明，如不透明，说明有穿滤。这时必须换另一洁净烧杯盛接滤液，在原漏斗上将穿滤的滤液进行第二次过滤。如发现滤纸穿孔，则应更换滤纸重新过滤，而第一次用过的滤纸应保留。

（5）沉淀的洗涤　沉淀全部转移到滤纸上后，应将它进行洗涤。其目的在于将沉淀表面所吸附的杂质和残留的母液除去。其方法如图1-25所示，即洗瓶的水流从滤纸的多重边缘开始，螺旋形的往下移动，最后到多重部分停止，称为"从缝到缝"，这样，可使沉淀洗得干净且可将沉淀集中到滤纸的底部。为了提高洗涤效率，应掌握洗涤方法的要领。洗涤沉淀时应少量多次，即每次螺旋形的往下洗涤时，用洗涤剂的量要少，便于尽快沥干，沥干后，再行洗涤。如此反复多次，直至沉淀洗净为止。这通常称为"少量多次"原则。此原则可以通过下面的计算来说明它的优点。

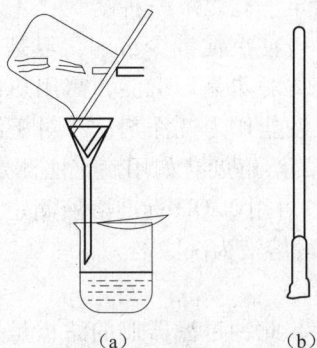

图1-24　吹洗沉淀的方法和沉淀帚

图1-25　沉淀的洗涤

设沉淀上残留溶液 V_0，每次加入洗涤液体积 V，可溶性物质的原始浓度为 c_0（mol/L），第一次洗涤后残留溶液杂质的浓度 c_1；第二次洗涤后残留溶液杂质 c_2……；而第 n 次洗涤后残留溶液杂质的浓度 c_n。则洗涤第一次后残留物质的浓度为：

$$c_1 = \frac{V_0}{V_0 + V} \times c_0$$

洗涤第二次后残留物质的浓度为：

$$c_2 = \frac{V_0}{V + V_0} \times c_1 = \left(\frac{V_0}{V_0 + V}\right)^2 \times c_0$$

因此，洗涤第 n 次后残留物质的浓度为：

$$c_n = \left(\frac{V_0}{V_0 + V}\right)^n \times c_0$$

所以，残留物的物质的质量为：

$$n_n = V_0 c_n = \left(\frac{V_0}{V_0 + V}\right)^n V_0 c_0$$

［例］某一沉淀用50ml洗涤液洗涤。一种方法是每次用10ml洗涤液，分5次进行洗涤，每次残留溶液为1ml，可溶性物质的浓度为0.1mol/L，另一种方法是将50ml洗涤液分二次洗涤，每次25ml，其余条件相同。问两种洗涤方法的最后残留物质的量是多少？

［解］经5次洗涤后，残留物质的量为：

$$n_5 = \left(\frac{1}{1+10}\right)^5 1 \times 0.1 = 7 \times 10^{-7} \text{mol}$$

而经两次洗涤后，残留物质的量为：

$$n_2 = \left(\frac{1}{1+25}\right)^2 1 \times 0.1 = 1.5 \times 10^{-4} \text{mol}$$

结果表明，采用"少量多次"原则洗涤沉淀的效果较好。

然而，洗涤至什么程度才算洗净了呢？要根据具体情况进行检查。例如，当试液中含 Cl^- 和 Fe^{3+} 时，可检查流出的洗液中不含 Cl^- 和 Fe^{3+}，即可认为沉淀已经洗干净。为此可用一支干净小试管盛接 $1\sim 2ml$ 滤液，酸化后，Cl^- 离子用 $AgNO_3$ 检查，若无 AgCl 白色浑浊出现，说明沉淀已洗净。Fe^{3+} 离子则用 KSCN 检查，若无淡红色的络合物 $Fe(SCN)^{2+}$ 出现，亦可说明沉淀已洗干净。否则仍需继续进行洗涤。一般来说，若能按正确的洗涤方法，洗涤沉淀 $8\sim 10$ 次，基本可以洗净。然而，对于无定形沉淀，洗涤次数可能稍多一些。

至于选用什么洗涤液洗涤沉淀，应根据沉淀的性质而定。有以下三种情况：①对晶形沉淀，可用冷的稀沉淀剂洗涤，因为这时存在同离子效应，可使沉淀减少溶解，但是，如沉淀剂为不易挥发的物质时，则只能用水或其他溶剂来洗涤；②对非晶形沉淀，需用热的电解质溶液为洗涤剂，以防止产生胶溶现象，多数采用易挥发的铵盐作为洗涤剂；③对于溶解度较大的沉淀，可采用沉淀剂加有机溶剂来洗涤，以降低沉淀的溶解度。如用滴定法测定 Si 含量时，先将 SiO_3^{2-} 转变为 K_2SiF_6 沉淀，它经水解后可放出 HF，可用 NaOH 标准溶液滴定。为了降低 K_2SiF_6 沉淀的溶解度，一般是采用 5% KCl 的 (1+1) 乙醇溶液为洗涤剂。

2. 用微孔玻璃漏斗（或坩埚）过滤

（1）微孔玻璃漏斗和坩埚　如图 1-26 和图 1-27 所示。此种过滤器皿的滤板是用玻璃粉末在高温下熔结而成。按照微孔的孔径，由大到小分为六级，G1~G6（或称 1 号~6 号）。1 号的孔径最大（$80\sim 120\mu m$），6 号的孔径最小（$2\mu m$ 以下）。在定量分析中，一般用 G3~G5 规格（相当于慢速滤纸）过滤细晶形沉淀。使用此类滤器时，需用抽气法过滤。凡是烘干后即可称重或热稳定性差的沉淀（如 AgCl），均需采用微孔玻璃漏斗（或坩埚）过滤。注意：不能用微孔玻璃漏斗（或坩埚）过滤碱性溶液，因它会损坏坩埚和漏斗的微孔。

（2）漏斗的准备　漏斗使用前，先用盐酸（或硝酸）处理，然后用水洗净。洗时应将微孔玻璃漏斗装入吸滤瓶的橡皮垫圈中（图 1-28），吸滤瓶再用橡皮管接于抽水泵上。当用盐酸洗涤时，先注入酸液，然后抽滤。当结束抽滤时，应先拔出抽滤瓶上的橡皮管，再关抽水泵。

图 1-26　微孔玻璃漏斗　　　　图 1-27　微孔玻璃坩埚　　　　图 1-28　抽滤装置

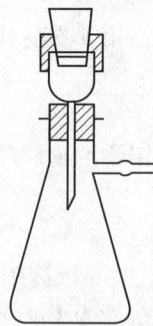

（3）过滤　将已洗净、烘干且恒重的微孔玻璃坩埚，装入抽滤瓶的橡皮垫圈中，接橡皮管于抽水泵上，在抽滤下，用倾泻法过滤，其余操作亦与用滤纸过滤时相同，不同之处是在

抽滤下进行。

四、沉淀的干燥和灼烧

1. 干燥器的准备和使用 首先将干燥器擦干净，烘干多孔瓷板后，将干燥剂通过一纸筒装入干燥器的底部。应避免干燥剂沾污内壁的上部，如图 1-29 所示。然后盖上瓷板。

开启干燥器时，左手按住干燥器的下部，右手按住盖子上的圆顶向左前方推开干燥器的盖子（图 1-30）。盖子取下后应拿在右手中，用左手放入（或取出）坩埚（或称量瓶），及时盖上干燥器盖。盖子取下后也可放在桌上安全的地方（注意要磨口向上，圆顶朝下）。加盖时，也应当拿住盖上的圆顶，推着盖好。

当坩埚或称量瓶放入干燥器时，应放在瓷板圆孔内。但称量瓶若比圆孔小时，应放在瓷板上。若坩埚等热的容器放入干燥器时，放入后，应连续推开干燥器 1~2 次。搬动和挪动干燥器时，应该用两手的拇指同时按住盖，以防滑落打破，如图 1-31 所示。

图 1-29　装入干燥剂的方法　　图 1-30　开启干燥器的方法　　图 1-31　搬动干燥器的方法

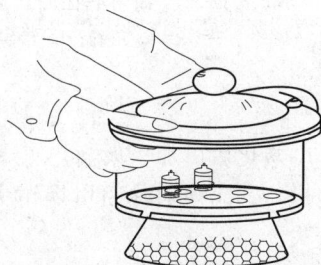

2. 坩埚的准备 灼烧沉淀常用瓷坩埚。使用前需用稀盐酸等溶剂洗净、晾干或烘干。然后用蓝黑墨水或 $K_4Fe[CN]_6$ 在坩埚和盖上编号，干后，将它放入高温炉中灼烧（800℃左右），第一次灼烧 0.5 小时，取出稍冷后，转入干燥器中冷至室温，称重。然后进行第二次灼烧，约 15~20 分钟，稍冷后，再转入干燥器中，冷至室温，再称重。如此重复灼烧至恒重。

3. 沉淀的包裹 欲从漏斗中取出沉淀和滤纸时，应用扁头玻璃棒将滤纸边挑起，向中间折叠，使其将沉淀盖住，如图 1-32 所示。再用玻璃棒轻轻转动滤纸包，以便擦净漏斗内壁可能粘有的沉淀。然后将滤纸包用干净的手转移至已恒重的坩埚中，使它倾斜放置，滤纸包的尖端朝上。

4. 滤纸的烘干 烘干时应在煤气灯（或电炉）上进行。在煤气灯上烘干时，将放有沉淀的坩埚斜放在泥三角上（注意：滤纸的三层部分向上），坩埚底部枕在泥三角的一边上，坩埚口朝泥三角的顶角［图 1-33（a）］，不能按图 1-33（b）进行，调好煤气灯。为使滤纸和沉淀迅速干燥，应该用反射焰，即用小火加热坩埚盖的中部［图 1-33 中（a）火焰］，这时热空气流便进入坩埚内部，而水蒸气则从坩埚上面逸出。

图 1-32　沉淀的包裹

5. 滤纸的炭化和灰化 滤纸和沉淀干燥（这时滤纸只是被干燥，而不变黑），将煤气灯逐渐移至坩埚底部，使火焰逐渐加大，炭化滤纸，如图1-34中（b）火焰所示。如温度升高太快，滤纸会生成整块的炭，需要较长时间才能将其灰化掉，故不要使火焰加得太大。炭化时如遇滤纸着火，可立即用坩埚盖盖住，使坩埚内的火焰熄灭（切不可用嘴吹灭）。切记着火时，不能置之不理，让其燃烬，这样易使沉淀随大气流飞散损失。待火熄灭后，将坩埚盖移至原来位置，继续加热至全部炭化（滤纸变黑）。

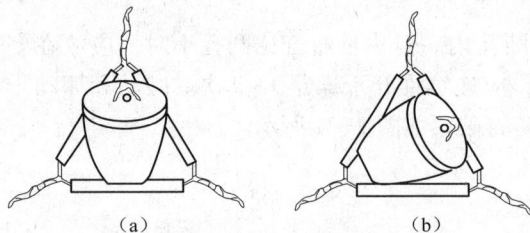

图1-33　瓷坩埚在泥三角上的放置
a. 正确；b. 错误

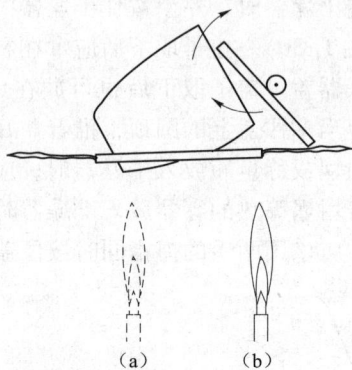

图1-34　沉淀和滤纸在坩埚中干燥、
炭化、灰化的火焰位置
a. 沉淀的干燥；b. 滤纸的灰化、炭化

　　炭化后可加大火焰，使滤纸灰化。滤纸灰化后，应呈灰白色而不是黑色。为使灰化较快地进行，应该随时用坩埚钳夹住坩埚使其转动，但不要使坩埚中的沉淀翻动以免沉淀飞扬损失。

　　沉淀的烘干、炭化和灰化也可在电炉上进行。应注意温度不能太高。这时坩埚是直立，坩埚盖不能盖严，其他操作和注意事项同前。

　　6. 沉淀的灼烧　沉淀和滤纸灰化后，将坩埚移入高温炉中（根据沉淀性质调节适当温度），盖上坩埚盖，但留有空隙。于灼烧空坩埚时相同温度下，灼烧40~45分钟，与空坩埚灼烧操作相同，取出，冷至室温，称重。然后进行第二次，第三次灼烧，直至坩埚和沉淀恒重为止。一般第二次以后的灼烧，20分钟即可。

　　从高温炉中取出坩埚时，坩埚钳应先预热，再将坩埚移至炉口，待坩埚冷至红热退去后，再将坩埚从炉中取出放在洁净瓷板上，最后再将坩埚转移至干燥器中。放入干燥器后，盖好盖子，随后须启动干燥器盖1~2次。

　　在干燥器中冷却时，原则是冷至室温，一般须30分钟以上。但要注意，每次灼烧、称重和放置的时间，都要保持一致。

　　此外，某些沉淀在烘干时就可得到一定组成时，就不要在瓷坩埚中灼烧；而热稳定性差的沉淀，也不宜在瓷坩埚中灼烧。这时，可用微孔玻璃坩埚烘干至恒重即可。

　　微孔玻璃坩埚放入烘箱中烘干时，应将它放在表面皿上进行。根据沉淀的性质确定干燥温度。一般第一次烘干约2小时，第二次约45分钟到1小时。如此反复烘干，称重，直至恒重为止。

（张春丽）

第六节　实验数据记录、处理和实验报告的书写方法

认认真真实验，实事求是记录，科学态度计算，分析报告完整是分析化学实验的精髓。在分析化学实验中，为了得到准确的测量结果，不仅应认真规范地进行实验操作，精确地测量各项数据，还应正确记录、计算和表达分析结果，必要时还应对数据进行统计处理，因为分析结果不仅表示试样中被测组分含量高低或某项物理量的大小，还反映出测量结果的准确程度。实验结束后，及时认真地写出一份完整的实验报告，这是培养学生分析、归纳能力以及严谨细致科学作风的重要途径。

一、实验记录

实验记录是出据实验报告的原始依据。为保证实验结果的准确性，实验记录必须真实、完整、规范、清晰。

1. 基本要求

（1）实验者应准备专门的实验记录本，标上页码，不得撕去任何一页。不得将文字或数据记录在单页纸或小纸片上，或随意记录在其他任何地方。

（2）应清楚、如实、准确地记录实验过程中所发生的重要实验现象、所用的仪器及试剂、主要操作步骤、测量数据及结果。记录中要有严谨的科学态度，要实事求是，切忌掺杂个人主观因素，绝不能拼凑或伪造数据。

（3）进行记录时，对文字记录，应字迹清晰，条理清楚，表达准确；对数据记录，可采用列表法，书写时应整齐统一，数据位数应符合有效数字的规定。

（4）实验记录应用钢笔、圆珠笔、签字笔等书写，不得用铅笔，不得随意涂改实验记录。遇有读错数据、计算错误等需要修正时，应将错误数据用线划去，并在其上方写上正确的数据。

2. 数据记录　应严格按照有效数字的保留原则记录测量数据。有效数字是指在分析工作中实际上能测量到的数字。有效数字的保留原则是：在记录测量数据时，应保留一位欠准数（即末位有± 1的误差），其余均为准确值，即应记录至仪器最小分度值的下一位。

有效数字位数不仅表示数值的大小，而且能反映出仪器测量的精确程度。例如，用感量为万分之一的分析天平称量时，应记录至小数点后第四位。如称量某份试样的质量为0.1220g，该数值中0.122是准确的，最后一位数字"0"是欠准的，即该试样的实际质量是（0.1220±0.0001）g范围内的某一数值。如只记录0.122，则试样的实际质量是（0.122±0.001）g范围内的某一数值，绝对误差会增大一个数量级，不仅如此，这样记录也是不真实的，是错误的；滴定管和移液管的读数应记录至小数点后第二位。如某次滴定中消耗标准溶液体积为20.50ml，若写成20.5ml，则意味着实际消耗的滴定剂体积是（20.5±0.1）ml范围内的某一数值，同样将测量精度降低了10倍。

总之，有效数字位数反映了测量结果的精确程度，数据记录时绝不能随意增加或减少数值的位数。

二、数据处理和结果计算

1. 有效数字修约　有效数字的修约规则为"四舍六入，五留双"。即当多余尾数首位≤4

时，舍去；多余尾数首位≥6时，进位；多余尾数首位为5时，若5后数字不为0时，进位；若5后数字为0时，则视5前数字是奇数还是偶数，采用"奇进偶舍"的方式进行修约。例如，将下列数据修约为四位有效数字：14.2442→14.24，24.4863→24.49，15.0250→15.02，15.0150→15.02，15.0251→15.03。注意：修约表示不准确的物理量的数据时，多余尾数首位大于0就进一位，不遵守"四舍六入五留双"规则。

修约规则歌
- 四舍六入五考虑，五后非零皆进一；
- 五后皆零看前面，五前为奇则进一；
- 五前为偶则舍弃，分次修约不可以。
- 为使计算更准确，中途多留一位数。
- 误差修约要注意，切莫用它来修约；
- 修约误差需遵守，余数非零均进一。

2. 数据处理　当得到一组平行测量数据 x_1、x_2、x_3……后，不要急于将其用于分析结果的计算，要对得到的数据进行科学的分析，一般应进行可疑数据的取舍、精密度考察及系统误差校正后，再将测量数据的平均值用于分析结果计算。

（1）可疑数据的取舍　首先应剔除由于明显原因（如过失误差）引起的与其他测定结果相差甚远的那些数据；而对于一些对精密度影响较大而又原因不明的可疑数据，则应通过 Q 检验或 G 检验法来确定其取舍。

（2）精密度考察　一般用标准偏差 S 或相对标准偏差 $RSD\%$ 衡量测定结果的精密度。有时也用平均偏差和相对平均偏差表示。若精密度不符合分析要求，说明测定中存在较大的偶然误差，应适当增加平行测定的次数，再作考察，直到精密度达到要求为止。

（3）系统误差校正　通过进行对照实验、空白实验及校准仪器等，校正测量中的系统误差。若条件允许最好进行 t 检验（如用实验数据均值与标准值 μ 进行比较），以确定分析方法是否存在系统误差。

3. 分析结果计算　分析结果的准确度必然会受到分析过程中测量值误差的制约。在计算分析结果时，每个测量值的误差都要传递到分析结果中去。因此，有效数字的运算也应根据误差传递规律，按照有效数字的运算规则进行，并对计算结果的有效数字进行合理取舍，才不会影响分析结果准确度。

根据误差传递规律，加减法的和或差的误差是各个数值绝对误差的传递结果。所以，计算结果的绝对误差必须与各数据中绝对误差最大的那个数据相当。即几个数据相加或相减时，和或差的有效数字的保留应以参加运算的数据中绝对误差最大（小数点后位数最少）的数据为准。

乘除法的积或商的误差是各个数据相对误差的传递结果。所以，计算结果的相对误差必须与各数据中相对误差最大的那个数据相当。即几个数据相乘除时，积或商有效数字的保留位数，应以参加运算的数据中相对误差最大（有效数字位数最少）的数据为准。

三、实验数据的整理和表达

取得实验数据后，应进行整理、归纳，并以准确、清晰、简明的方式进行表达。通常有列表法、图解法和数学方程表示法，可根据具体情况选用。

1. 列表法　列表法是以表格形式表示数据，具有简明直观、形式紧凑的特点，可在同一表格内同时表示几个变量间的变化情况，便于分析比较。制表时须注意以下几点。

（1）每一表格应有表号及完整而简明的表题。在表题不足以说明表中数据含义时，可在表格下方附加说明，如有关实验条件、数据来源等。

（2）将一组数据中的自变量和因变量按一定形式列表。自变量的数值常取整数或其他适当的值，其间距最好均匀，按递增或递减的顺序排列。

（3）表格的行首或列首应标明名称和单位。名称及单位尽量用符号表示，并采用斜线制，如 V/ml，p/MPa，T/K 等。

（4）同一列中的小数点应上下对齐，以便相互比较；数值为零时应记作"0"，数值空缺时应记一横线"－"；若某一数据需要特殊说明时，可在数据的右上标位置作一标记，如"∗"，并在表格下方附加说明，如该数据的处理方法或计算公式等。

2. 图解法 图解法是以作图的方式表示数据并获取分析结果的方法。即将实验数据按自变量与因变量的对应关系绘成图形，从中得出所需的分析结果，其特点是能够将变量间的变化趋势更为直观地显示出来，如极大、极小、转折点、周期性等。图解法在仪器分析中广泛应用，如用校正曲线法计算未知物浓度，电位法中连续标准加入法作图外推求痕量组分浓度，电位滴定法中的 E-V 曲线法、一级微商法及二级微商法作图计算滴定终点，分光光度法中利用吸收曲线确定光谱特征数据及进行定性定量分析，以及用图解积分法计算色谱峰面积等。

对作图的基本要求是：能够反映测量的准确度；能够表示出全部有效数字；易于从图上直接读取数据；图面简洁、美观、完整。作图时应注意以下几点。

（1）作图时多采用直角坐系；若变量之间的关系为非线性的，可选用半对数或对数坐标系将其变为线性关系；有时还可采用特殊规格的坐标系，如电位法中连续标准加入法则要用特殊的格氏（Gran）计算图纸作图求解。

（2）一般 x 轴代表自变量（如浓度、体积、波长等），y 轴代表因变量（仪器响应值，如电位、电流、吸收度、透光率等）。坐标轴应标明名称和单位，尽量用符号表示，并采用斜线制。在图的下方应标明图号、图题及必要的图注。

（3）直角坐标系中两变量的全部变化范围在两轴上表示的长度应相近，以便正确反映图形特征；坐标轴的分度应尽量与所用仪器的分度一致，以便从图上任一点读取数据的有效数字与测量的有效数字一致，即能反映出仪器测量的精确程度。

（4）作直线时，可将测量值绘于坐标系中形成系列数据点，按照点的分布情况作一直线。根据偶然误差概率性质，函数线不必通过全部点，但应通过尽可能多的点，不能通过的应均匀分布在线的两侧邻近，使所描绘的直线能近似表示出测量的平均变化情况。

（5）作曲线时，在曲线的极大、极小或转折处应多取一些点，以保证曲线所表示规律的可靠性。若发现个别数据点远离曲线，但又不能判断被测物理量在此区域有何变化时，应进行重复实验以判断该点是否代表变量间的某些规律性，否则应当舍弃。作图时，应将各数据点用铅笔及曲线板连接成光滑均匀的曲线。

（6）若需在一张图上绘制多条曲线时，各组数据点应选用不同符号，或采用不同颜色的线条，以便于相互区别比较；需要标注时，尽量用简明的阿拉伯数字或字母标注，并在图下方注明各标注的含义。

3. 数学方程表示法 以数学方程表示变量间关系的方法称为数学方程表示法，也称为解析法。在分析化学实验中最常用的解析法是回归方程法，即通过对两变量各数据对进行回归分析，求出回归方程，再由此方程求出待测组分的量（或浓度）。

设 x 为自变量，y 为因变量。对于某一 x 值，y 的多次测量值可能有波动，但总是服从一定的分布规律。回归分析就是要找出 y 的平均值 $\bar{y}$ 与 x 之间的关系。若通过相关系数 r 的计算，知道 $\bar{y}$ 与 x 之间呈线性函数关系（$r \geq 0.99$），就可以简化为线性回归。用最小二乘法解出回归系数 a（截距）与 b（斜率），即可求出线性回归方程：

$$\bar{y} = a + bx$$

采用具有线性回归功能的计算器或应用计算机中的相应软件，将各实验数据对输入，可很快得出 a、b 及 r 值，无须进行繁复的运算步骤，十分方便。

四、实验报告

完成实验之后，应及时写出实验报告，对已完成的实验进行总结和讨论。分析化学实验报告一般按以下要求书写。

1. 实验编号、实验名称、实验日期、实验者一般作为实验报告的标题部分 必要时还可注明室温、湿度、气压等。

2. 目的与要求 简要说明本实验的目的与基本要求。

3. 方法原理 说明本实验所依据的方法原理。可用文字简要说明，亦可用化学反应方程式表示。例如，对于滴定分析，可写出滴定反应方程式、标准溶液标定和滴定结果计算等公式；对于仪器分析，除简要说明分析的方法原理、测定的物理量与待测组分间的定量函数关系外，还可画出实验装置（或实验原理）示意图。

4. 仪器与试剂 写明本实验所用仪器的名称、型号，主要玻璃器皿的规格、数量，主要试剂的品名、规格、浓度等。

5. 实验步骤 简明扼要地列出各实验步骤，一般可用流程图表示。同时记录所观察到的实验现象或附加说明。

6. 实验数据及处理 列出实验所测得的有关数据并进行误差处理。按相关公式对测量值进行计算（必要时可对测定结果进行精密度和准确度考察），并采用文字、列表、作图（如滴定曲线、吸收曲线等）等形式表示分析结果，最后对实验结果作出明确结论。

7. 问题讨论 可结合实验中遇到的问题、现象及实验教材中的思考题进行分析讨论，并应结合分析化学有关理论，对产生误差或实验失败的原因及解决途径进行探讨，以提高自己分析和解决问题的能力。同时可提出尚未搞清楚的问题，以求得老师的指导。

【附】 滴定分析实验报告示例

氢氧化钠标准溶液的配制与标定

一、实验目的

1. 掌握氢氧化钠标准溶液的配制和标定方法。
2. 学习用减量法称量固体物质。
3. 熟悉滴定操作和滴定终点的判断。

二、仪器与试剂

仪器 碱式滴定管（50ml），锥形瓶（250ml），量筒（100ml），烧杯（400ml），试剂瓶

（500ml），橡皮塞。

试剂　氢氧化钠（A. R），邻苯二甲酸氢钾（基准物质），酚酞指示剂（0.1%）。

三、方法原理

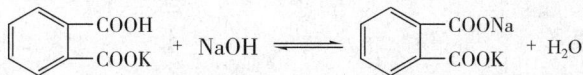

四、操作步骤

1. NaOH 标准溶液的配制　取澄清的饱和 NaOH 溶液 2.5ml，加新煮沸的冷蒸馏水 400ml，摇匀即得。

2. NaOH 溶液（0.1mol/L）的标定　用减量法精密称取 3 份于 105～110℃ 干燥至恒重的基准物邻苯二甲酸氢钾，每份约 0.5g，分别盛放于 3 个 250ml 锥形瓶中，各加新煮沸冷却蒸馏水 50ml，小心振摇使之完全溶解。加酚酞指示剂 2 滴，用 NaOH 溶液（0.1mol/L）滴定至溶液呈浅红色，记录所消耗的 NaOH 溶液的体积。

五、实验结果

1. 原始数据记录（此项不写入报告中，是实验课堂上记录的数据）

$$S_1 = 15.3151 - 14.7903 = 0.5248g$$
$$S_2 = 14.7903 - 14.2869 = 0.5034g$$
$$S_2 = 14.2869 - 13.7733 = 0.5136g$$
$$V_1 = 25.32 - 0.00 = 25.32ml$$
$$V_2 = 24.18 - 0.00 = 24.18ml$$
$$V_3 = 24.73 - 0.00 = 24.73ml$$

2. 计算结果的计算过程如下：仅供参考（此项可不写入实验报告中，请按老师的要求书写）

$$C_{NaOH} = \frac{m_{KHC_8H_4O_4}}{V_{NaOH} \times \frac{M_{KHC_8H_4O_4}}{1000}}, M_{KHC_8H_4O_4} = 204.2g/mol$$

$$C_1 = \frac{0.5248}{25.32 \times \frac{204.2}{1000}} = 0.1015mol/L$$

$$C_2 = \frac{0.5031}{24.18 \times \frac{204.2}{1000}} = 0.1019mol/L$$

$$C_3 = \frac{0.5136}{24.73 \times \frac{204.2}{1000}} = 0.1017mol/L$$

$$\bar{C} = \frac{0.1015 + 0.1019 + 0.1017}{3} = 0.1017mol/L$$

$$\bar{d} = \frac{\sum |C_I - \bar{C}|}{3} = \frac{|0.1015 - 0.1017| + |0.1019 - 0.1017| + |0.1017 - 0.1017|}{3} = 0.0002$$

$$相对平均偏差 = \frac{\bar{d}}{\bar{C}} \times 100\% = \frac{0.0002}{0.1017} \times 100\% = 0.13\%$$

3. 数据处理与结果

序号	$m_{邻}$（g）	V_{NaOH}（ml）	c_{NaOH}（mol/L）	$c_{NaOH(平均)}$（mol/L）	相对平均偏差%
1	0.5248	25.32	0.1015		
2	0.5031	24.18	0.1019	0.1017	0.13
3	0.5136	24.73	0.1017		

六、讨论（略）

（张春丽）

第二章 基本操作实验

实验一 电子天平称量练习

【实验目的和要求】

1. 掌握电子天平的基本操作和常用称量方法。
2. 熟悉电子天平的构造原理和使用规则。
3. 培养简明、准确、规范记录实验原始数据的习惯。

【实验原理】

电子天平是根据电磁补偿原理制造而成的。电子天平由微电脑控制，当秤盘负载后，杠杆位移，通过位移传感器（或称光电传感器）检测出一个与被测物质量相关的电流，经模数转换后，以数字和符号显示出称量的结果。

【实验材料】

1. 仪器 电子天平、瓷坩埚 4 只（标记为 1～4 号）、称量瓶 1 只、小烧杯 2 只。

2. 试剂 不易吸水的结晶试剂（附：汗布手套 1 副）。

【实验步骤】

1. 检查电子天平是否处于水平，如不水平，应通过调节水平脚调至水平。

2. 利用直接称重法称量两个空坩埚的质量。方法：电子天平清零后，将 1 号空坩埚放于秤盘上，待天平平衡后所显示的质量即为 1 号空坩埚的质量，记录为 W_0g；同法称出 2 号空坩埚的质量，记录为 W_0'g。

3. 减重法称量两份质量为 0.2～0.4g 的试样分别于上述两个空坩埚中。方法：①将电子天平清零后，将装有试样的称量瓶放在电子天平的秤盘上，待天平平衡后，即为称量瓶与试样的总质量，记为 W_1g；②从天平中取出称量瓶，倾出部分试样 0.2～0.4g 于 1 号空坩埚中，然后，再将称量瓶与剩余试样放到秤盘上称出其质量，记为 W_2g；③重复②操作继续倾出试样 0.2～0.4g 于 2 号空坩埚中，记录称量瓶与余下试样的总质量为 W_3g。（注意此步骤 3 要连续进行。）

4. 用直接称重法称出装有试样的 1 号坩埚和 2 号坩埚的质量，分别记录为 W_4g 和 W_5g（称量方法同步骤 2）。

5. 计算审核称量结果的准确性。检查两只空坩埚倾入试样后增加的质量值（即 W_4-W_0 和 W_5-W_0'）是否等于称量瓶中倾出两份试样的质量（W_1-W_2 和 W_2-W_3）。当 $|W_4-W_0|-|W_1-W_2|\leqslant$ 0.0004g 和 $|W_5-W_0'|-|W_2-W_3|\leqslant 0.0004$g 时，视为称量结果合格（此项可根据具体情况自行拟定）；如果不符合时，应分析原因，并重新称量。

6. 去皮减重称量方式和去皮增重称量方式称量

（1）去皮减重称量方式称量两份质量为 0.2~0.4g 的试样。称量方法：第一份试样的称量，将装有试样的称量瓶，置于电子天平的秤盘上，关好天平门，待出现"g"字样后按 TARE（去皮）键清零，此时天平显示 0.0000g，倾出试样 0.2~0.4g 于 3 号坩埚中后，将称量瓶与剩余试样放回秤盘进行称量，当"−"显示值达到 0.2~0.4g 的要求范围，即可记录称量结果 W_6g。第二份试样的称量，再次将装有试样的称量瓶放于天平的秤盘上后进行清零操作，然后倾出试样于 4 号坩埚中，符合要求称量的质量后，记录称量结果为 W_7g。重复此步骤可连续称量多份样品重量。（该法的优点是能够从显示屏上直接读出质量的差值，即倾出试样的质量）。

（2）去皮增重称量方式称量两份固定质量的试样（如：固定质量为 0.2500g）。称量方法：将洁净干燥的小烧杯或称量纸置于电子天平上，关好天平门，待出现"g"字样后按 TARE（去皮）键清零，此时天平显示 0.0000g，用药匙向小烧杯或称量纸中倾加试样，当天平示数接近目标质量时要缓缓加入试样，直到示数与目标质量数值基本一致（误差范围 ≤0.0002g），关闭天平侧门，待显示数值稳定后读数，记录结果为 W_8g。重复上述操作，记录结果为 W_9g。（注意：该方法适合称量不易吸潮，在空气中性质稳定的粉末试样。）

7. 填写使用记录本，做好使用记录；按要求整理天平和实验台，并将坩埚、称量瓶放回原处；最后请教师圈阅实验数据。

8. 实验数据处理

		1 号瓷坩埚	2 号瓷坩埚
减重法称量	（称量瓶+试样）质量（取样前）	$W_1 =$	$W_2 =$
	（称量瓶+试样）质量（取样后）	$W_2 =$	$W_3 =$
	倾出试样质量	$W_1 - W_2 =$	$W_2 - W_3 =$
直接称重法称量	空瓷坩埚的质量	$W_0 =$	$W_0' =$
	坩埚+倾入试样质量	$W_4 =$	$W_5 =$
	倾入试样的质量	$W_4 - W_0 =$	$W_5 - W_0' =$
审核结果	∣坩埚增重∣−∣称量瓶的减重∣		
去皮减重称量	第 1 次称量瓶倾出试样重	$W_6 =$	
	第 2 次称量瓶倾出试样重	$W_7 =$	
去皮增重称量	第 1 次称量试样重	$W_8 =$	
	第 2 次称量试样重	$W_9 =$	

【注意事项】

1. 使用电子天平称量之前，必须要检查仪器是否处于水平。

2. 称量物的质量不得超过电子天平的最大量程，一般万分之一电子天平的最大量程为 200g。

3. 称量时应将称量物置于电子天平秤盘的中央位置。

4. 称量时必须将电子天平的门关好，待稳定后再读数。

5. 热的、冷的称量物需恢复至室温后再进行称量。

6. 称量结束后，需对电子天平内部进行清洁，并认真填好使用记录本。

【思考题】

1. 应用电子天平的 TARE（去皮）键进行减重法称量时，应该在何时对天平清零，为什么？

2. 减重法称量过程中，能否采用药匙加取试样？为什么？

3. 用称量瓶向瓷坩埚倾入试样时，应怎样操作才能避免试样撒落损失？一旦发生试样撒落必须重新称量，为什么？

（杨　铭）

实验二　容量分析仪器的使用及洗涤

【实验目的和要求】

1. 掌握实验室常用容量分析仪器的洗涤和使用方法。

2. 熟悉洗液的配制方法、使用、用途和注意事项。

3. 了解容量瓶和移液管的使用。

【实验原理】

定量分析玻璃仪器的常规洗涤方法：一般的不精密容器如烧杯、试剂瓶、锥形瓶、表面皿等可用毛刷蘸取去污粉、洗衣粉、肥皂液等直接刷洗其内外表面，并用自来水冲洗，洁净后再用少量的蒸馏水或去离子水润洗 2~3 次。

精密仪器，如滴定管、容量瓶和移液管等为了避免容器内壁受机械磨损而影响容积测量的准确度，一般不用毛刷刷洗，如果其内壁沾有油脂性污物，用自来水不能洗去时，则选用合适的洗涤剂淌洗，必要时把洗涤剂先加热，并浸泡一段时间，待油脂污物去掉后，用自来水冲洗，再用蒸馏水或去离子水润洗干净。用蒸馏水或去离子水冲洗仪器时，采用顺壁冲洗并加摇荡，为了达到清洗得好、快、省的目的，每次加少量蒸馏水或去离子水，多次洗涤的办法。一个洗干净的玻璃仪器，其内壁应该不挂水珠，这一点对滴定管等精密仪器的洗涤特别重要，也是玻璃仪器是否洗净的一个重要标志。

【实验材料】

1. 仪器　容量瓶（100ml，250ml）、试剂瓶（棕色，白色 50ml）、酸式滴定管（50ml）、碱式滴定管（50ml）、烧杯（50ml，100ml，250ml×2，500ml）、锥形瓶（250ml×6）、量筒（10ml，25ml，50ml）、滴管、搅拌棒、药匙、洗耳球、移液管等。

2. 试剂　氯化钠，重铬酸钾，浓硫酸。

【实验步骤】

1. 领取容量分析仪器　分析常用的仪器，检查破损等。

2. 认知仪器　将仪器的名称与仪器相对应，并在老师的指导下了解每一种容量仪器的用途。

3. 洗液的配制　台秤称取 5g 重铬酸钾，加水 10ml，加热溶解，趁热徐徐加入 90ml 浓硫酸（注意不要溅出，千万不能将重铬酸钾水溶液加入浓硫酸中），沿器壁边加入边搅拌，即成棕褐色溶液，储存在密闭的玻璃瓶中，备用。

4. 容量瓶的校对及使用

（1）容量瓶与移液管的校对　用一支洁净的 25ml 移液管，移取 25.00ml 水 4 次，于 100ml 干燥的容量瓶中，观察刻度线的位置。

（2）练习配制一份 NaCl 溶液　称取适量的固体 NaCl，在小烧杯中溶解后，将其完全转移至 100ml 容量瓶定容，摇匀。

5. 容量仪器的洗涤　按要求（见原理部分）对实验中的锥形瓶、容量瓶、试剂瓶、烧杯、量筒、滴管、搅拌棒、酸式滴定管和碱式滴定管进行洗涤。

6. 检查　由任课教师检查洗涤是否合格。

【注意事项】

1. 滴定管、容量瓶和移液管等量器，不宜用强碱性的洗涤剂洗涤，以免玻璃受腐蚀而影响容积的准确度。

2. 在使用洗液洗涤之前，要先将仪器中的水倾尽，以免由于洗液稀释降低其洗涤效率。

3. 配好的洗液要放在具有磨口玻璃塞子的玻璃瓶中，否则因浓硫酸易吸水，洗液很快被稀释使洗涤能力逐渐降低。

4. 容量仪器使用铬酸洗液时应特别小心。铬酸洗液为强氧化剂，腐蚀性很强，易烫伤皮肤，烧坏衣服；铬有毒，使用时应注意安全，并注意勿污染水源。

5. 用洗液洗涤后的仪器应先用自来水冲洗干净，再用蒸馏水润洗内壁 2~3 次。

6. 因洗液可重复使用，所以用过的洗液不能随意乱倒，应倒回原瓶，以备下次再用。当洗液变绿时则失效，失效后的洗液绝不能倒入下水道，只能倒入废液缸内另行处理。

【思考题】

1. 怎样检查洗涤干净的玻璃仪器？

2. 配制重铬酸钾洗液时应注意哪些问题？

（杨　铭）

实验三　滴定分析基本操作练习

【实验目的和要求】

1. 掌握配制酸碱滴定剂的方法；巩固滴定管、容量瓶、移液管的洗涤和使用方法。

2. 熟悉甲基橙、酚酞指示剂滴定终点的判断和滴定分析的基本操作。

3. 了解滴定分析的一般过程。

【实验原理】

强酸 HCl 与强碱 NaOH 溶液的滴定，反应很完全，对于 0.1mol/L 的酸碱滴定来说，其突跃范围 pH 约为 4.3~9.7，在这一范围中可采用甲基橙（变色范围 pH 3.1~4.4）、甲基红（pH 4.4~6.1）、酚酞（变色范围 pH 8.0~9.6）等指示剂来指示滴定终点。在 HCl 溶液与 NaOH 溶液进行相互滴定的过程中，若采用同一种指示剂指示终点，不断改变被滴定溶液的体积，则滴定剂的用量也随之变化，但它们相互反应的体积之比应保持不变。因此在不知道 HCl 和 NaOH 溶液准确浓度的情况下，通过计算 V_{HCl}/V_{NaOH} 体积比的精密度，可以检查实验者对滴定操作技术和终点判断的掌握情况。

【实验材料】

1. 仪器　酸式滴定管（50ml）、碱式滴定管（50ml）、容量瓶（100ml）、玻璃棒、烧杯、量筒、移液管（25ml）等。

2. 试剂　NaOH（固体）、浓盐酸、甲基橙 0.2% 水溶液、酚酞 0.2% 乙醇溶液等。

【实验步骤】

1. 滴定剂酸、碱溶液的配制

（1）0.1mol/L NaOH 溶液的配制　称取 2.5～3g 固体 NaOH，置于 250ml 烧杯中，用煮沸并冷却后的蒸馏水迅速洗涤 2～3 次，每次 10～15ml，这样可除去 NaOH 表面上少量 Na_2CO_3。将留下的固体用水溶解后，转入试剂瓶中，加水稀释至 500ml，充分摇匀。

（2）0.1mol/L HCl 溶液的配制　用一洁净量筒量取浓盐酸约 4.5ml，倒入试剂瓶中，加蒸馏水稀释至 500ml，盖上玻璃塞，摇匀。

2. 滴定速度控制练习

（1）碱式滴定管　依照第一章第四节碱式滴定管项下使用规则，先检查，洗净后进行如下操作，用 0.1mol/L NaOH 溶液润洗碱式滴定管 2～3 次，每次 10～15ml，然后将 NaOH 溶液装入碱式滴定管，排气并调好零点。由碱式滴定管中放出 NaOH 溶液（滴液放入烧杯中），控制滴定速度为 3～4 滴/秒、1 滴/秒、半滴/秒，以熟练为止。

（2）酸式滴定管　依照第一章第四节酸式滴定管项下使用规则，先检查，洗净后，进行如下操作，用 0.1mol/L HCl 溶液润洗酸式滴定管 2～3 次，每次 10～15ml，然后将 HCl 溶液装满酸式滴定管，排气并调好零点。再由酸式滴定管中放出 HCl 溶液（滴液放入烧杯中），控制滴定速度在 3～4 滴/秒、1 滴/秒、半滴/秒，以熟练为止。

（3）半滴溶液的滴入　慢慢控制活塞，使半滴溶液悬挂于滴定管尖端，然后用洗瓶以少量的蒸馏水将其冲入锥形瓶中。

3. 以甲基橙为指示剂测定 V_{HCl} 与 V_{NaOH} 的比值

（1）重新将酸式滴定管和碱式滴定管装满溶液，调好零点。由碱式滴定管中以每秒钟 3～4 滴的速度准确放出 NaOH 溶液 20.00ml 于 250ml 锥形瓶中，加入 1～2 滴甲基橙指示剂，用 0.1mol/L HCl 溶液滴定，当 1 滴 HCl 溶液刚好使反应溶液由黄色变为橙色（1 滴变色）时，停止滴定，分别记录 V_{HCl} 和 V_{NaOH}。

（2）再由碱式滴定管准确放出 3.00ml 的 NaOH 溶液于之前的锥形瓶中（记录 V_{NaOH} = 23.00ml），再继续由酸式滴定管滴加 HCl 溶液，使之 1 滴 HCl 溶液刚好使其变色（由黄色变为橙色），记录总耗 V_{HCl}。

（3）重复（2），如此反复 3～4 次练习。

4. 以酚酞为指示剂测定 V_{HCl} 与 V_{NaOH} 的比值

（1）重新将碱式滴定管和酸式滴定管装满溶液，调好零点。由酸式滴定管中以每秒钟 3～4 滴的速度放出 HCl 溶液 20.00ml 于 250ml 锥形瓶中，加入 1～2 滴酚酞指示剂，用 0.1mol/L NaOH 溶液滴定，当 1 滴 NaOH 溶液刚好使被滴定液的颜色由无色变为微红色时，停止滴定，记录 V_{HCl} 和 V_{NaOH}。

（2）再由酸式滴定管准确放出 3.00ml 的 HCl 溶液于之前的锥形瓶中（记录 V_{HCl} = 23.00ml），再用 NaOH 溶液滴定至终点（无色变为微红色，注意 1 滴变色），记录共消耗的 V_{NaOH}。

（3）重复（2），如此反复 3～4 次练习。

5. 碱滴定酸的平行实验　用移液管精密量取 25.00ml 0.1mol/L HCl 溶液三份，分别于三个 250ml 的锥形瓶中，各加入 1～2 滴酚酞指示剂。用 NaOH 溶液滴定至终点（由无色变为微红色，静置 30s 不退去，注意 1 滴变色），即为终点。读取所消耗 NaOH 溶液的体积 V_{NaOH}，计算 V_{HCl}/V_{NaOH}。（注意：滴定每份溶液时都应将碱式滴定管中重新充满溶液，读好初始读数。）

6. 实验数据处理

表 2-1　甲基橙指示剂滴定结果

序号	V_{NaOH}(ml)	V_{HCl}(ml)	V_{HCl}(ml)/V_{NaOH}(ml)	体积比值 平均值	偏差值	RSD%
1						
2						
3						
4						

表 2-2　酚酞指示剂滴定结果

序号	V_{NaOH}(ml)	V_{HCl}(ml)	V_{HCl}(ml)/V_{NaOH}(ml)	体积比值 平均值	偏差值	RSD%
1						
2						
3						
4						

表 2-3　碱滴定酸的平行实验结果

序号	V_{NaOH}(ml)	V_{HCl}(ml)	V_{HCl}(ml)/V_{NaOH}(ml)	体积比值 平均值	偏差值	RSD%
1						
2						
3						
4						

【注意事项】

1. 每滴定完成一份溶液读出消耗标准溶液的体积后，都应重新用标准溶液充满滴定管，准确读取初始读数并记录。

2. 确定滴定终点的方法是 1 滴或半滴溶液由滴定管滴下时，锥形瓶中的溶液颜色立刻发生变化时即为终点。

3. 滴定管体积读数要读至小数点后两位，滴定速度不要成流水线。

4. 实验数据的处理要写明有效数字、单位、计算式、精密度分析。

【思考题】

1. 在滴定分析实验中，滴定管、移液管为什么要用操作液润洗 2~3 次？锥形瓶、烧杯、容量瓶是否也要用操作液润洗？

2. 简要回答滴定管、移液管、容量瓶的正确使用方法。

3. HCl 和 NaOH 溶液定量反应完全后，生成 NaCl 和水，为什么用 HCl 滴定 NaOH 时，采用甲基橙指示剂，而用 NaOH 滴定 HCl 时，使用酚酞指示剂？

（杨　铭）

第三章　酸碱滴定法实验

实验四　NaOH 标准溶液的配制与标定

【实验目的和要求】

1. 掌握 NaOH 标准溶液的配制与标定方法和试样称量的操作。

2. 熟悉碱式滴定管的基本操作；酚酞指示剂的滴定终点的判断。

3. 了解不含 Na_2CO_3 的 NaOH 标准溶液的配制方法。

【实验原理】

在酸碱滴定中，NaOH 溶液是常用的碱标准溶液。由于 NaOH 有很强的吸水性，且易吸收空气中的 CO_2 而含有少量的 Na_2CO_3，不能用直接法来配制标准溶液。常常采用间接法配制，先配制成近似一定浓度的溶液，然后用基准物质来标定。

由于 Na_2CO_3 在饱和的 NaOH 中不溶解，因此，不含 Na_2CO_3 的 NaOH 标准溶液可由以下方法配制而成：先配制 NaOH 饱和溶液，其含量约 52%（g/g），比重约为 1.56，然后量取一定体积上清液，稀释至所需浓度，即可。

标定 NaOH 溶液的基准物质有邻苯二甲酸氢钾，草酸，苯甲酸等。最常用的是邻苯二甲酸氢钾，其滴定反应如下：

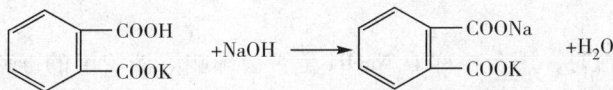

等量点时，由于生成的是强碱弱酸盐，水解呈弱碱性，选用酚酞作为指示剂。根据已知准确的邻苯二甲酸氢钾的质量和滴定时所用 NaOH 溶液的准确体积，即可求出 NaOH 溶液的准确浓度。

计算公式可由滴定反应及滴定操作步骤推出。

$$c_{NaOH} = \frac{m_{KHC_8H_4O_4}}{V_{NaOH} \times \dfrac{M_{KHC_8H_4O_4}}{1000}} \quad (M_{KHC_8H_4O_4} = 204.224 \text{g/mol})$$

【实验材料】

1. **仪器**　电子天平、台秤、称量瓶 1 只、碱式滴定管（25ml 或 50ml）、量筒（10ml，25ml，50ml）、烧杯（500ml 或 1000ml）、锥形瓶（250ml）、搅拌棒。

2. **试剂**　NaOH 饱和溶液或 NaOH 固体（A.R）、邻苯二甲酸氢钾（基准试剂）、酚酞指示剂、蒸馏水。

【实验步骤】

1. 不含 Na₂CO₃ 的 NaOH 标准溶液的配制

（1）NaOH 饱和水溶液的配制　取蒸馏水 100ml，用台秤称取 NaOH 固体 120g，边搅拌边将 NaOH 固体加入蒸馏水中使溶液成饱和溶液。冷却后置于塑料瓶中，静置数日，澄清后备用。（需提前准备）

（2）0.2mol/L NaOH 溶液的配制　量取 NaOH 的饱和溶液 5.6ml，加新煮沸过的冷蒸馏水至 500ml，摇匀，贴上标签，备用。

2. 0.2mol/L NaOH 溶液的标定　精密称取在 105~110℃ 干燥至恒重的基准物质邻苯二甲酸氢钾 0.9g（三份），分别置于 250ml 锥形瓶中，加新煮沸过的冷蒸馏水 50ml，旋摇使其溶解，加酚酞指示液 2~3 滴，用待标定的 0.2mol/L NaOH 溶液滴定至溶液呈微红色，且 30 秒不褪色，停止滴定，准确记录所消耗的 NaOH 溶液体积。计算结果取平均值。要求测定结果的相对平均偏差 ≤0.2%。

3. 实验数据处理

序号	$m_邻$(g)	V_{NaOH}(ml)	c_{NaOH}(mol/L)	$c_{NaOH(平均)}$(mol/L)	相对平均偏差%
1					
2					
3					

【注意事项】

1. NaOH 具有强腐蚀性，不要接触到皮肤、衣服。称取 NaOH 固体时，速度尽量快。注意不要洒在操作台上，如有洒落，应及时处理。

2. NaOH 饱和溶液的浓度与温度有关，气温低时，浓度低；气温高时浓度高。所以，蒸馏水的取用量应当考虑温度，用量筒取。

3. 标定和测定时所用的指示剂应相同，否则将产生较大的误差。

【思考题】

1. 配制标准碱溶液时，用台秤称取 NaOH 是否会影响溶液浓度的准确度？能否用纸称量固体 NaOH？为什么？

2. 用邻苯二甲酸氢钾为基准物质标定 NaOH 溶液的浓度时，若消耗 0.2mol/L NaOH 溶液约 22ml，应称取邻苯二甲酸氢钾多少克？

3. 滴定结束后，溶液放置一段后会褪为无色，为什么？

4. 溶解称取的 NaOH 时，为什么加入水量稍大时要比水量稍小时的溶解速度慢？

（王海波）

实验五　阿司匹林［乙酰水杨酸］的含量测定

【实验目的和要求】

1. 掌握阿司匹林含量测定的原理和基本操作和试样的称量方法。

2. 熟悉酚酞指示剂的滴定终点的确定。

3. 了解乙酰水杨酸的基本性质及滴定时的注意事项。

【实验原理】

阿司匹林的主要成分是乙酰水杨酸，属芳酸脂类药物，分子结构中含有羧基，在溶液中可解离出 H^+ 离子，是有机弱酸（$K_a = 1 \times 10^{-3}$），满足 $cK_a \geq 10^{-8}$，故可用标准碱溶液直接滴定。

用 NaOH 标准溶液滴定阿司匹林的滴定反应为：

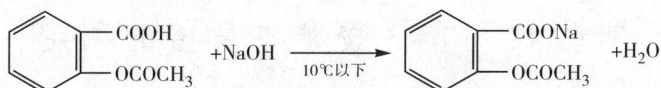

等量点时，产物是强碱弱酸盐，溶液呈弱碱性，选用酚酞作为指示剂。根据消耗 NaOH 标准溶液的浓度 c、体积 V 和阿司匹林的摩尔质量，可求出阿司匹林的含量。

$$C_9H_8O_4\% = \frac{c_{NaOH} \cdot V_{NaOH} \cdot \frac{M_{C_9H_8O_4}}{1000}}{S} \times 100\% \qquad (M_{C_9H_8O_4} = 180.16 g/mol)$$

【实验材料】

1. 仪器 碱式滴定管（25ml 或 50ml）、量筒（20ml）、称量瓶 1 只、锥形瓶（250ml）、电子天平。

2. 试剂 阿司匹林样品、酚酞指示剂、中性乙醇（取适量的 95% 乙醇，加酚酞指示剂 2~3 滴，用 NaOH 标准溶液滴定至微红色，即得）、0.2mol/L NaOH 标准溶液。

【实验步骤】

精密称取阿司匹林 0.8g（三份），置于干燥的锥形瓶中，分别加中性乙醇 20ml，使之溶解后，加酚酞指示剂 3 滴，在不超过 10℃ 的温度下，用 0.2mol/L NaOH 标准溶液滴定，当溶液颜色刚好由无色变为微红色时即达到终点。记录三次消耗标准碱溶液的体积并计算结果，取平均值，要求相对平均偏差 ≤0.2%。

实验数据处理：

序号	$M_{阿}$（g）	c_{NaOH}（mol/L）	V_{NaOH}（ml）	含量（%）	含量$_{(平均)}$（%）	相对平均偏差%
1						
2						
3						

【注意事项】

1. 操作中必须控制温度在 10℃ 以下，是为了防止 NaOH 与阿司匹林分子结构中另一基团（酯—$OCOCH_3$）发生水解反应而多消耗 NaOH 溶液，使分析结果偏高。其反应式如下：

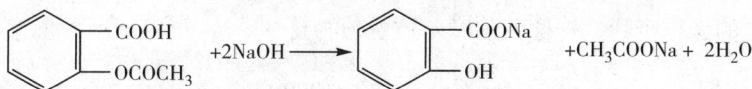

2. 阿司匹林在水中微溶，在乙醇中易溶，故选用乙醇作溶剂。由于乙醇的极性较小，阿司匹林的水解度降低。从而防止阿司匹林的水解，使测量结果更准确。

【思考题】

1. 操作步骤中，每份样品约 0.8g 的取样量是怎样求得的？

2. 称取纯品试样（晶体）时，所用锥形瓶为什么要干燥？

3. 用 NaOH 标准溶液，还可以测定哪些样品？它们应该具备哪些基本条件？

（王海波）

实验六　有机酸摩尔量值的测定

【实验目的和要求】

1. 掌握有机酸摩尔质量测定的原理和实验方法。

2. 熟悉酚酞指示剂的滴定终点的确定。

3. 了解滴定分析的一般操作程序。

【实验原理】

滴定分析除可测定物质的含量，也可测定物质的摩尔量值。大部分有机酸是弱酸，且为固体，当有机酸 $K_a \geq 10^{-7}$，浓度约为 0.1mol/L 时，$c_a K_a \geq 10^{-8}$，即可用 NaOH 标准溶液滴定。被测定的有机酸纯度不高时要先提纯，后测定。滴定突跃在弱碱性范围内，常选用酚酞作为指示剂，根据 NaOH 标准溶液的浓度和滴定时所消耗的体积，可计算该有机酸的摩尔质量。有机酸（$H_n A$）与 NaOH 的相关反应过程以及计算公式如下：

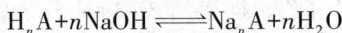

$$H_n A + n NaOH \rightleftharpoons Na_n A + n H_2 O$$

$$M_{H_n A} = \frac{n \cdot m_{H_n A}}{c_{NaOH} \cdot V_{NaOH}}$$

【实验材料】

1. 仪器　电子天平、称量瓶、干燥器、锥形瓶（250ml）、量筒（50ml）、碱式滴定管（25ml 或 50ml）、烧杯（100ml，250ml）、容量瓶（250ml）、移液管（25ml）等。

2. 试剂　NaOH（固体）、酚酞指示剂（0.2%乙醇溶液）、邻苯二甲酸氢钾基准物质（在100~125℃干燥 1 小时后，放入干燥器中备用）、有机酸试样（如草酸、酒石酸、柠檬酸）。

【实验步骤】

有机酸摩尔量值的测定——以柠檬酸为例。

1. 按实验四项下方法配制不含碳酸钠的 0.2mol/L 的 NaOH 标准溶液 500ml，用邻苯二甲酸进行标定，标定次数≥5，相对标准偏差≤0.2%。

2. 准确称取有机酸柠檬酸试样 3.0~3.2g，置于烧杯中，加少量蒸馏水溶解，定量转移至250ml 容量瓶中，加蒸馏水定容，备用。用 25.00ml 移液管平行移取三次，分别置入三个250ml 的锥形瓶中，各加酚酞指示剂 1~2 滴，用 0.2mol/L NaOH 标准溶液滴定至终点，30 秒内粉红色不褪即为终点。

根据本实验的操作步骤，柠檬酸的摩尔质量值为

$$M_{柠檬酸} = \frac{\dfrac{m_{柠檬酸}}{10} \times 1000 \times 3}{c_{NaOH} \times V_{NaOH}}$$

注：$m_{柠檬酸}$ 为本次试验称量柠檬酸的质量，V_{NaOH} 记录为单位为 ml，柠檬酸为三元酸，所以 $n=3$。

可供试验的有机酸还有：①酒石酸，称量样质量为约 3.0g，$n=2$；②草酸称量质量为约

2.4g，$n=2$；③乙酰水杨酸，称量样质量为 1.2g，$n=1$。

实验数据处理：

序号	$m_{酸}(g)$	$c_{NaOH}(mol/L)$	$V_{NaOH}(ml)$	$M(g/mol)$	$M_{(平均)}(g/mol)$	$RSD\%$
1						
2						
3						

【注意事项】

1. 本实验 0.2mol/L NaOH 溶液的标定实验要求其相对标准偏差 $\leqslant \pm 0.2\%$，否则将影响摩尔质量值的准确性。

2. 测定过程中有机酸取样要准确，并且平行测定多次，每次终点控制要十分准确，最后以平均值表示结果。

【思考题】

1. 如 NaOH 标准溶液在保存过程中吸收了空气的中 CO_2，用该标准溶液滴定，以酚酞为指示剂时，测定结果会不会改变？

2. 如本实验选用草酸为试样，$H_2C_2O_4 \cdot 2H_2O$ 失去一部分水，所测摩尔量值会产生何种误差？

（王海波）

实验七　HCl 标准溶液的配制与标定

【实验目的和要求】

1. 掌握盐酸标准溶液标定的基本原理及方法。

2. 熟悉甲基橙指示剂滴定终点的确定。

3. 了解酸式滴定管的洗涤、准备、使用方法。

【实验原理】

浓盐酸容易挥发，因此不能直接配制准确浓度的 HCl 标准溶液，只能先配制近似浓度的溶液，然后用基准物质或标准溶液标定其准确浓度。市售浓盐酸质量分数约为 35%～37%，密度约为 1.19g/ml，配制溶液时要根据配制的浓度和体积进行计算。如：配制 0.2mol/L HCl 溶液 1000ml，应量取浓 HCl 溶液 18ml。

标定盐酸的基准物质常用碳酸钠和硼砂等基准物质。无水碳酸钠基准物质的优点是容易提纯，价格便宜。缺点是碳酸钠摩尔质量较小，具有吸湿性。因此 Na_2CO_3 固体需先在 270～300℃高温灼烧至恒重，然后置于干燥器中冷却后备用。采用无水碳酸钠为基准物质来标定 HCl 溶液时，计量点时溶液的 pH 3.89，可用甲基红-溴甲酚绿混合指示剂指示终点，滴定反应为：$Na_2CO_3 + 2HCl \Longrightarrow 2NaCl + H_2O + CO_2 \uparrow$，$Na_2CO_3$ 与 HCl 的反应比为 1:2。

用待标定的盐酸溶液滴定至溶液由绿色变为绿与红的混合色后煮沸 2 分钟，冷却后继续滴定至溶液再呈暗红色即为终点。由于溶液中 CO_2 形成缓冲体系，pH 变化不大，终点不敏锐，所以煮沸除去。根据 Na_2CO_3 的质量和所消耗的 HCl 体积，可以计算出 HCl 的准确浓度。根据滴定操作步骤，计算 HCl 溶液浓度的公式如下：

$$c_{HCl} = \cfrac{\dfrac{25.00}{250.00} m_{Na_2CO_3}}{V_{HCl} \times \dfrac{M_{Na_2CO_3}}{2000}} \qquad (M_{Na_2CO_3} = 105.99 g/mol)$$

【实验材料】

1. 仪器 酸式滴定管（25ml 或 50ml）、量筒（10ml，500ml）、移液管（25ml）、试剂瓶（500ml）、容量瓶（100ml）、烧杯（250ml）、锥形瓶（250ml）、洗瓶（500ml）、洗耳球、玻璃棒、滴定管夹、滴定台、电子天平。

2. 试剂 浓盐酸、甲基红-溴甲酚绿指示剂、基准 Na_2CO_3

【实验步骤】

1. 0.2mol/L HCl 的配制 量取浓 HCl 溶液 9.0ml，倒入 500ml 试剂瓶中，加蒸馏水至 500ml，盖好，摇匀，贴上标签。

2. 0.2mol/L HCl 的标定 在电子天平上精密称取 2.4g 无水 Na_2CO_3 于小烧杯中，加 25ml 蒸馏水溶解，定量转移至 250ml 容量瓶中，蒸馏水定容，摇匀。用 25ml 移液管分别移取三份 Na_2CO_3 溶液于三个锥形瓶中，各加甲基红-溴甲酚绿混合指示剂 10 滴，分别用 0.2mol/L HCl 溶液滴定至溶液由绿色刚好转化绿色与红色的混合色时，振荡 2 分钟（或煮沸后冷却至室温），溶液恢复为绿色（如不能回复，滴定已经过量，应重新实验），继续小心滴定至溶液刚好由绿色变为暗紫色时至终点，计算，结果取平均值。

3. 实验数据处理

序号	$m_{Na_2CO_3}(g)$	$V_{HCl}(ml)$	$c_{HCl}(mol/L)$	$c_{HCl(平均)}(mol/L)$	$RSD\%$
1					
2					
3					

【注意事项】

1. Na_2CO_3 有吸湿性，称量时动作要迅速，称量瓶一定要盖严。

2. 近终点时，需振摇 2 分钟或加热煮沸溶液 2 分钟，以除去反应产生的 CO_2，如果 CO_2 没有除干净，将会影响滴定终点的观察。

【思考题】

1. HCl 溶液能直接配制准确浓度吗？为什么？

2. 在滴定分析实验中，滴定管、移液管为何需要用滴定剂和要移取的溶液润洗几次？滴定中使用的锥形瓶是否也要用滴定剂润洗？为什么？

3. 用 Na_2CO_3 标定 HCl 溶液时能否用酚酞作指示剂？为什么？

（王海波）

实验八　药用硼砂含量的测定

【实验目的和要求】

1. 掌握强碱弱酸盐的含量测定原理和方法。

2. 熟悉甲基红指示剂滴定终点的判定。

【实验原理】

$Na_2B_4O_7 \cdot 10H_2O$ 是一个强碱弱酸盐，其滴定产物硼酸为弱酸（$K_a = 5.4 \times 10^{-10}$），不干扰对硼砂的测定。计量点时 pH = 5.1，可选用甲基红作为指示剂。

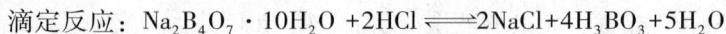

滴定反应：$Na_2B_4O_7 \cdot 10H_2O + 2HCl \rightleftharpoons 2NaCl + 4H_3BO_3 + 5H_2O$

按如下计算公式计算硼砂的含量

$$w_{Na_2B_4O_7 \cdot 10H_2O}\% = \frac{c_{HCl}V_{HCl}\dfrac{M_{Na_2B_4O_7 \cdot 10H_2O}}{2000}}{m_{样品}} \qquad (M_{Na_2B_4O_7 \cdot 10H_2O} = 381.4g/mol)$$

【实验材料】

1. 仪器 酸式滴定管（25ml）、锥形瓶（50ml）、电子天平、称量瓶、量筒（50ml）、电炉。

2. 试剂 药用硼砂试样、HCl 标准溶液（0.2mol/L）、甲基红（0.1%乙醇溶液）。

【实验步骤】

精密称取待测硼砂药品 0.8g，置于锥形瓶中，加蒸馏水 50ml 将样品溶解（必要时加热），溶解后加甲基红指示剂 1~2 滴，用 0.2mol/L HCl 标准溶液滴定至橙色时至终点，记录消耗盐酸的体积，计算，结果取平均值。

3. 实验数据处理

	$m_{硼砂}(g)$	$c_{HCl}(mol/L)$	$V_{HCl}(ml)$	$w_{硼砂}(\%)$	$w_{硼砂(平)}(\%)$	$RSD\%$
1						
2						
3						

【注意事项】

1. 硼砂不易溶解，必要时可在电炉上加热使溶解，放冷后再滴定。

2. 要准确判断终点的颜色，以提高实验的准确性。终点应为橙色，若偏红，则滴定过量，使结果偏高。

【思考题】

1. 硼砂是强碱弱酸盐，可用盐酸标准溶液直接滴定。醋酸钠也是强碱弱酸盐，是否能用盐酸标准溶液直接滴定醋酸钠？

2. $Na_2B_4O_7 \cdot 10H_2O$ 用 HCl 标准溶液（0.2mol/L）滴定至计量点时的 pH 值该如何计算？

3. $Na_2B_4O_7 \cdot 10H_2O$ 若部分风化，则测定结果偏高还是偏低？

（王海波）

实验九 双指示剂法测定混合碱中各组分的含量

【实验目的和要求】

1. 掌握双指示剂法测定混合碱的原理和实验方法。

2. 熟悉混合指示剂的滴定终点的判断。

3. 了解多元弱碱滴定过程中溶液 pH 值的变化及指示剂的选择。

【实验原理】

混合碱通常是指 NaOH 和 Na_2CO_3 或 Na_2CO_3 和 $NaHCO_3$ 等类似的混合物，可采用双指示剂法对各组分的含量进行测定。

若混合碱是由 NaOH 和 Na_2CO_3 组成，先以酚酞作指示剂，用 HCl 标准溶液滴至溶液由粉红色恰好褪为无色，第一滴定终点到达，pH = 8.31，记下用去 HCl 溶液的体积 V_1。相关过程的反应如下：

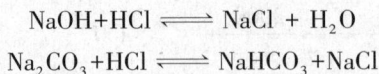

$$NaOH + HCl \rightleftharpoons NaCl + H_2O$$
$$Na_2CO_3 + HCl \rightleftharpoons NaHCO_3 + NaCl$$

再加入甲基橙指示剂，用 HCl 继续滴至溶液由黄色变为橙色，此时 $NaHCO_3$ 被滴至 H_2CO_3，记下用去的 HCl 溶液的体积 V_2，此时为第二终点，pH = 3.88。发生的反应为：

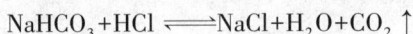

$$NaHCO_3 + HCl \rightleftharpoons NaCl + H_2O + CO_2 \uparrow$$

根据以上过程可知 $V_1 > V_2$。因 V_2 是滴定 $NaHCO_3$ 所消耗的 HCl 溶液体积，而 Na_2CO_3 被滴到 $NaHCO_3$ 和 $NaHCO_3$ 被滴定到 H_2CO_3 所消耗的 HCl 体积是相等的。所以 NaOH 消耗标准溶液的体积应为（$V_1 - V_2$），Na_2CO_3 消耗 HCl 标准溶液的体积为 $2V_2$，据此可求得混合碱中 NaOH 和 Na_2CO_3 的含量。计算公式为：

$$w_{Na_2CO_3}\% = \frac{\frac{1}{2}c_{HCl}(2V_2)_{HCl}M_{Na_2CO_3}}{m_S \times 1000} \times 100$$

$$w_{NaOH}\% = \frac{[c_{HCl}(V_2 - V_1)_{HCl} \cdot M_{NaOH}]}{m_S \times 1000} \times 100$$

若混合碱系 Na_2CO_3 和 $NaHCO_3$ 的混合物，以上述同样方法进行测定，则 $V_2 > V_1$，且 Na_2CO_3 消耗标准溶液的体积为 V_1，$NaHCO_3$ 消耗 HCl 标准溶液的体积为（$V_2 - V_1$），计算公式如下：

$$w_{Na_2CO_3}\% = \frac{\frac{1}{2}c_{HCl}(2V_1)_{HCl}M_{Na_2CO_3}}{m_S \times 1000} \times 100$$

$$w_{NaHCO_3}\% = \frac{[c_{HCl}(V_2 - V_1)_{HCl}]M_{NaHCO_3}}{m_S} \times 100$$

综上所述，若混合碱系由未知试样组成，则可根据 V_1 与 V_2 的数据，确定混合碱的组成，由盐酸标准溶液的浓度和消耗的体积，可计算混和碱中各组分含量。

【实验材料】

1. 仪器 酸式滴定管（25ml），锥形瓶（250ml），量筒（100ml，10ml），试剂瓶（500ml），分析天平。

2. 试剂 0.2mol/L 盐酸标准溶液，混合碱，酚酞指示剂（0.1% 乙醇溶液），甲基橙指示剂（0.1% 乙醇溶液）。

【实验步骤】

精密称取混合碱 0.2～0.4g，置于 250ml 的锥形瓶中，加 30ml 的蒸馏水溶解完全，加入 1 滴酚酞指示剂，用 0.1mol/L 的 HCl 标准溶液滴定至红色恰好消失，记录此时消耗的 HCl 体积 V_1；继续接着加入 1 滴甲基橙指示剂，溶液变为黄色，继续用 HCl 标准溶液滴定。溶液由黄色变为橙色时为滴定终点，在滴定接近终点时，应剧烈地摇动溶液或加热，记录用去盐酸体积 V_2。平行测定三次。根据消耗的盐酸体积 V_1 和 V_2 关系，确定混合碱的组成，计算各种组分的含量。

实验数据处理：

序号	$m_{碱样}$(g)	$V_{1\,HCl}$(ml)	$V_{2\,HCl}$(ml)	W_1(%)	$W_{1(平)}$(%)	W_2(%)	$W_{2(平)}$(%)	RSD_1%	RSD_2%
1									
2									
3									

【注意事项】

1. 混合碱由 NaOH 和 Na_2CO_3 组成时，酚酞指示剂可适量多加几滴，否则常因滴定不完全而使 NaOH 的测定结果偏低，Na_2CO_3 的结果偏高。

2. 用酚酞作指示剂时，摇动要均匀，滴定要慢些，否则溶液中 HCl 局部过量，与溶液中的 $NaHCO_3$ 发生反应产生 CO_2，带来滴定误差。

3. 本实验的误差主要来自对两个化学计量点时溶液的颜色的判断。

【思考题】

1. 测定混合碱，可能有 NaOH、Na_2CO_3、$NaHCO_3$，判断下列情况下，混合碱中存在的成分是什么？

（1）$V_1=0$，$V_2\neq0$；（2）$V_2=0$，$V_1\neq0$；（3）$V_2\neq0$，$V_1>V_2$；（4）$V_1\neq0$，$V_1<V_2$；（5）$V_1=V_2\neq0$

2. 食用碱的主要成分是 Na_2CO_3，常含有少量的 $NaHCO_3$，能否以酚酞为指示剂测定 Na_2CO_3 含量？

3. 实验中，滴定试样溶液接近终点时为什么要剧烈振荡？

（王海波）

实验十　高氯酸标准溶液（0.1mol/L）的配制与标定（微型实验）

【实验目的和要求】

1. 掌握非水溶液酸碱滴定的原理及操作。

2. 熟悉微量滴定管的使用方法。

3. 了解高氯酸标准溶液的配置方法及注意事项。

【实验原理】

在冰醋酸中，高氯酸的酸性最强。因此，在非水滴定中常采用高氯酸作滴定剂，以高氯酸的冰醋酸溶液为滴定碱的标准溶液。高氯酸、冰醋酸均含有水分，需加入计算量的醋酐，以除去其中的水分。

标定高氯酸标准溶液，常用邻苯二甲酸氢钾为基准物质，以结晶紫为指示剂。滴定反应式如下：

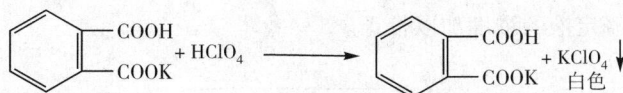

生成的 $KClO_4$ 不溶于冰醋酸–醋酐溶液，因而有沉淀生成。$HClO_4$ 标准溶液的浓度按下式计算：

$$c_{HClO_4} = \frac{m_{KHC_8H_4O_4}}{V_{HClO_4} \cdot \dfrac{M_{KHC_8H_4O_4}}{1000}}, \quad M_{KHC_8H_4O_4} = 204.2 \text{g/mol}$$

式中，V_{HClO_4} 为空白校正后的体积。

【实验材料】

1. 仪器 电子天平、称量瓶、取样勺、微量滴定管（10ml）、锥形瓶（50ml）、量筒（100ml）。

2. 试剂 邻苯二甲酸氢钾（基准试剂）、$HClO_4$（浓度为 70%～72%（g/g），比重 1.7）、冰醋酸、醋酐（浓度 97%，相对密度 1.08）、结晶紫指示液（0.5%冰醋酸溶液）。

【实验步骤】

1. 0.1mol/L HClO₄标准溶液的配制 取无水冰醋酸（按含水量计算每 1g 水加醋酐 5.22ml）750ml，加入高氯酸 8.5ml，摇匀。在室温下缓缓滴加醋酐 24ml，边加边摇，加完后再振摇匀，放冷。加无水冰醋酸适量使成 1000ml，摇匀，放置 24 小时。若所测供试品易乙酰化，则须用水分测定法（2015 年版《中国药典》第四部 A0832 通则）测定本液的含水量，再用水和醋酐调节至本溶液的含水量为 0.10%～0.2%。

2. 0.1mol/L HClO₄标准溶液的标定 取在 105～110℃ 干燥至恒重的基准物质邻苯二甲酸氢钾约 0.16g，精密称定于 50ml 锥形瓶中，加醋酐–冰醋酸（1:4）混合溶剂 10ml 使之溶解，加结晶紫指示液 1 滴，用高氯酸标准溶液（0.1mol/L）滴定至蓝色，即为终点。将滴定结果用空白试验校正。

【注意事项】

1. 配制高氯酸冰醋酸溶液时，不能将醋酐直接加入高氯酸中，因醋酐与高氯酸反应激烈并放出大量的热，会发生爆炸，应先用冰醋酸将高氯酸稀释后再缓缓加入醋酐。

2. 使用的微量滴定管应预先洗净，倒置沥干；其他容量器皿应预先洗净烘干。

3. 高氯酸、冰醋酸会腐蚀皮肤、刺激黏膜，应注意防护。

4. 标准溶液应置于棕色瓶中密闭保存，标定时应记下室温。

5. 装高氯酸标准溶液的滴定管，其活塞不用凡士林润滑，而应用真空油。

6. 微量滴定管的使用和读数（估重时按 8ml 计算；读数可读至小数点后第 3 位，最后一位为"5"或"0"）。

7. 近终点时，用少量溶剂荡洗瓶壁。

8. 冰醋酸有挥发性，标准溶液应密闭贮存，防止挥发及水分进入。标准溶液装入滴定管后，其上端应盖上一干燥小烧杯。

9. 实验结束后应回收未用完的溶剂。

10. 本滴定液因系以无水冰醋酸为溶剂，其膨胀系数为 0.0011。室内温度的变动将严重影响滴定液的浓度，因此在标定与滴定供试品的过程中，均应保持室内温度的恒定，记录室温，若滴定样品与标定高氯酸滴定液时的温度差别超过 10℃，则应重新标定；若未超过 10℃，则可根据下式将高氯酸滴定液的浓度加以校正。

$$N_1 = \frac{N_0}{1 + 0.0011(t_1 - t_0)}$$

为避免受室温差异的影响，宜将标定滴定液与滴定供试品溶液的工作同时进行。

11. 本滴定液应贮于具塞棕色玻瓶中，或用黑布包裹，避光密闭保存。有效期为 2 个月。

【思考题】

1. 标定时称取 0.16g 邻苯二甲酸氢钾，估计应消耗 $HClO_4$ 标准溶液（0.1mol/L）的体积。使用何种滴定管为宜？

2. 为什么邻苯二甲酸氢钾，既可以标定碱（NaOH 水溶液），又可标定酸（$HClO_4$ 冰醋酸溶液）？

3. 为什么要做空白试验？

（高金波）

实验十一　水杨酸钠含量的测定

【实验目的和要求】

1. 掌握有机酸碱金属盐的非水滴定方法。
2. 熟悉结晶紫指示剂滴定终点的确定。
3. 了解水杨酸钠的一般理化性质。

【实验原理】

水杨酸钠又称邻羟基苯甲酸钠，为白色鳞片或粉末，无气味，久露光线中变粉红色。溶于水、乙醇、甘油，不溶于醚、三氯甲烷、苯等有机溶剂。遇火可燃。主要用于止痛药和风湿药，也用作有机合成。由水杨酸用碱中和结晶而得。

水杨酸钠是有机酸的碱金属盐，在水溶液中碱性较弱，不能直接进行滴定。但是可以选择适当的非水溶剂，使其碱性增强，再用高氯酸标准溶液进行滴定。其在醋酸溶剂中的滴定反应为：

$$C_7H_5O_3Na+HAc \rightleftharpoons C_7H_5O_3H+Ac^-+Na^+$$
$$HClO_4+HAc \rightleftharpoons H_2Ac^++ClO_4^-$$
$$H_2Ac^++Ac^- \rightleftharpoons 2HAc$$

总反应：$HClO_4+C_7H_5O_3Na \rightleftharpoons C_7H_5O_3H+ClO^-+Na^+$

滴定在醋酐-冰醋酸混合溶剂中进行，用结晶紫为指示剂，用高氯酸标准溶液滴定到蓝绿色为终点。

【实验材料】

1. 仪器　电子天平、称量瓶、酸式滴定管（10ml）、锥形瓶（50ml）、烧杯等。

2. 试剂　高氯酸标准溶液、醋酐-冰醋酸混合液（1∶4）、结晶紫指示液、水杨酸钠。

【实验步骤】

精密称取在 105℃ 干燥至恒重的水杨酸钠约 0.13g 于 50ml 干燥的锥形瓶中，加醋酐-冰醋酸（1∶4）混合溶剂 10ml 使溶解，加结晶紫指示液 1 滴。用高氯酸标准溶液（0.1mol/L）滴定至蓝绿色，滴定结果用空白试验校正。按下式算出本品的百分质量分数。

$$w_{C_7H_5O_3Na}\% = \frac{c_{HClO_4} \times (V_{样品}-V_{空白}) M_{C_7H_5O_3Na}}{m_S \times 1000} \qquad (M_{C_7H_5O_3Na}=160.1g/mol)$$

【注意事项】

1. 使用仪器均需预先洗净干燥。

2. 注意测定时的室温，若与标定时室温相差较大时，需加以校正（相差±2℃以上），或重新标定（相差±10℃以上）。

3. 注意节约使用有机溶剂。

【思考题】

1. 醋酸钠在水溶液中为一弱碱，是否可用盐酸标准溶液直接滴定？若不能，能否用非水酸碱法测定？若能测定，试设计一简单的操作步骤。

2. 若标定时和样品测定时的室温相差较大，标准溶液的浓度应如何校正？（冰醋酸的体积膨胀系数＝0.0011）

3. 以结晶紫为指示剂，为什么测定邻苯二甲酸氢钾时，终点颜色为蓝色？而测定水杨酸钠时，终点颜色为蓝绿色？

（高金波）

第四章　配位滴定法实验

实验十二　EDTA 标准溶液的配制与标定

【实验目的和要求】

1. 掌握 EDTA 标准溶液配制和标定的方法。
2. 熟悉配位滴定的原理和特点。
3. 了解金属指示剂变色原理及使用注意事项。

【实验原理】

配位滴定法是以配位反应为基础的滴定分析方法，主要用于金属离子的测定。乙二胺四乙酸（简称 EDTA）与各种价态的金属离子一般都形成 1∶1 型的可溶性稳定配合物，该配位剂滴定金属离子的反应应用最广泛、最成熟，因此目前常用的配位滴定就是 EDTA 滴定。

因为 EDTA 难溶于水，所以其标准溶液常用乙二胺四乙酸的二钠盐（EDTA·2Na·H_2O，M = 372.24）配制。EDTA 二钠盐为白色结晶粉末，因不易制得纯品，故一般以间接法配制成大致浓度的溶液，以 ZnO、$ZnSO_4$ 和 Zn 等为基准物质标定其浓度。滴定条件：pH = 10 左右，以铬黑 T 为指示剂，终点由紫红色变为纯蓝色。滴定过程中的反应为：

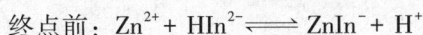

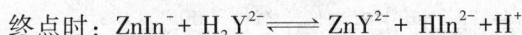

终点前：$Zn^{2+} + HIn^{2-} \rightleftharpoons ZnIn^- + H^+$

$Zn^{2+} + H_2Y^{2-} \rightleftharpoons ZnY^{2-} + 2H^+$

终点时：$ZnIn^- + H_2Y^{2-} \rightleftharpoons ZnY^{2-} + HIn^{2-} + H^+$

　　　　（紫红色）　　　　　　　（纯蓝色）

用下式计算 EDTA 标准溶液的浓度（$M_{ZnO} = 81.38$）

$$c_{EDTA} = \frac{m_{ZnO} \times 1000}{V_{EDTA} \times M_{ZnO}}$$

【实验材料】

1. 仪器　酸式滴定管（50ml）、烧杯（500ml）、硬质玻璃瓶或聚乙烯塑料瓶（250ml）、锥形瓶（250ml×3）。

2. 试剂　EDTA·2Na·H_2O，ZnO 基准物，稀盐酸（1∶1），氨试液（40ml 氨水加蒸馏水值 100ml），$NH_3·H_2O-NH_4Cl$ 缓冲液（pH = 10.0，取 54g 氯化铵溶于水中，加氨水 350ml，用水稀释至 1000ml），蒸馏水，甲基红指示剂（0.025%），铬黑 T 固体指示剂（0.1g 铬黑 T，加氯化钠 10g，一起研磨均匀，保存于干燥器中）。

附：铬黑 T 液体指示剂（0.2g 铬黑 T，加 15ml 三乙醇胺溶解，加无水乙醇 5ml，此溶液可保存数月）。

【实验步骤】

1. EDTA 溶液（0.05mol/L）的配制 取 EDTA·2Na·2H$_2$O 约 9.5g，加 100ml 蒸馏水温热使之溶解，稀释至 500ml，摇匀，贮存于聚乙烯瓶中。

2. EDTA 溶液（0.05mol/L）的标定

方法 1 精密称取 800℃灼烧至恒重的基准物 ZnO 约 0.12g（准确至 0.1mg），加稀 HCl 3ml 使之溶解，加蒸馏水 25ml 和甲基红指示剂 1 滴，滴加氨试液至溶液呈微黄色（如出现沉淀纯属正常）。再加蒸馏水 25ml，pH 10 的 NH$_3$·H$_2$O-NH$_4$Cl 缓冲溶液 10ml 和铬黑 T 指示剂适量，用 EDTA 溶液滴定至溶液由紫红色变为纯蓝色即为滴定终点，平行测定三次，结果取三次测定的平均值。

方法 2 精密称取 800℃灼烧至恒重的基准物 ZnO 约 0.5g，加稀 HCl 8ml 使之溶解，定量转移至 100ml 容量瓶中，加蒸馏水至刻度，摇匀；移液管移取上述溶液 20.00ml，加 25ml 蒸馏水和甲基红指示剂 1 滴，滴加氨试液至溶液呈微黄色（出现沉淀属正常现象）。再加蒸馏水 25ml，pH 10 的 NH$_3$·H$_2$O-NH$_4$Cl 缓冲溶液 10ml 和铬黑 T 指示剂适量，用 EDTA 溶液滴定至溶液由紫红色消失即为滴定终点，平行测定三次，结果取三次测定的平均值。

【注意事项】

1. EDTA·2Na·H$_2$O 在水中溶解较慢，可加热使溶解或放置过夜。

2. 贮存 EDTA 溶液应选用硬质玻璃瓶，如用聚乙烯瓶贮存更好。避免与橡皮塞、橡皮管等接触。

3. 配位反应为分子反应，反应速度不如离子反应快，近终点时，滴定速度不宜太快。

【思考题】

1. 滴定时加入氨-氯化铵缓冲溶液的作用是什么？

2. 选择金属指示剂的原则是什么？

（白慧云）

实验十三　水的硬度测定

【实验目的和要求】

1. 掌握配位滴定法测定水硬度的原理、方法和计算。

2. 熟悉铬黑 T 指示剂的使用条件及终点变化。

3. 了解水硬度的常用表示方法。

【实验原理】

常水（自来水、河水、井水）含有较多的钙盐和镁盐，所以常水都是硬水。所谓水的硬度是指 1L 水中含有钙、镁离子的总量。常水用作锅炉用水或制备无离子水时，都需要测定其硬度。以配位滴定法测定水的硬度，是用 EDTA 标准溶液直接滴定水中钙、镁总量，然后换算为相应的硬度单位。

取一定的水样，调节 pH $\approx$ 10，以铬黑 T 为指示剂，用 0.01mol/L EDTA 标准溶液滴定 Ca^{2+}、Mg^{2+}离子的总量，即可计算水的硬度。滴定过程中的反应为：

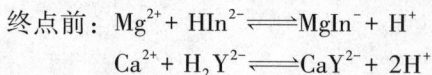

终点前：Mg^{2+} + HIn^{2-} $\Longrightarrow$ MgIn$^-$ + H$^+$

Ca^{2+} + H$_2$Y^{2-} $\Longrightarrow$ CaY^{2-} + 2H$^+$

$$Mg^{2+} + H_2Y^{2-} \rightleftharpoons MgY^{2-} + 2H^+$$

终点时：$MgIn^- + H_2Y^{2-} \rightleftharpoons MgY^{2-} + HIn^{2-} + H^+$

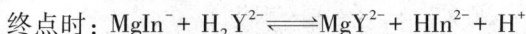

（酒红色）　　　　　　　（纯蓝色）

表示硬度常用的二种方法：

（1）将测得的 Ca^{2+}、Mg^{2+} 折算成 $CaCO_3$ 的重量，以每升水中含有 $CaCO_3$ 的含量（mg）表示硬度，1mg/L 可写作 1ppm。计算公式如下（$M_{CaCO_3} = 100.09$）：

$$硬度 = (cV)_{EDTA} \times M_{CaCO_3} \times \frac{1000}{V_{水样}} （mg/L）$$

（2）将测得的 Ca^{2+}、Mg^{2+} 折算成 CaO 的重量，而以每升水中含有 10mg CaO 为 1 度，以表示水的硬度。计算公式如下（$M_{CaO} = 56.08$）：

$$硬度 = (cV)_{EDTA} \times M_{CaO} \times \frac{1}{10} \times \frac{1000}{V_{水样}} （度）$$

【实验材料】

1. 仪器　酸式滴定管（50ml）、锥形瓶（250ml×3）、量筒（10ml）、移液管（100ml）、药勺、洗耳球等；

2. 试剂　0.05mol/L EDTA 标准溶液（配制与标定同实验十二）、$NH_3 \cdot H_2O$-NH_4Cl 缓冲溶液（pH≈10，配制方法同实验十二）、蒸馏水、铬黑 T 指示剂（配制方法同实验十二）。

【实验步骤】

1. 0.01mol/L EDTA 标准溶液的配制　精密量取已标定的 0.05mol/L EDTA 标准溶液 50ml（标定方法见实验十二）于 250ml 的量瓶中，加蒸馏水至刻度，摇匀。

2. 水的硬度测定　用移液管移取水样 100.00ml 置于锥形瓶中，加 $NH_3 \cdot H_2O$-NH_4Cl 缓冲溶液（pH≈10）5ml，铬黑 T 指示剂少许，用 0.01mol/L EDTA 标准溶液滴定，当溶液的颜色刚好由酒红色变为纯蓝色时停止滴定，即为终点。记录消耗 0.01mol/L DETA 标准溶液的体积 V_{EDTA}，平行测定三次，结果取平均值。

【注意事项】

1. 在采集分析水样时，注意采集时间、地点、方式和容器等，以防止 Fe^{2+}、Fe^{3+}、Al^{3+} 的引入，如果被引入要加入三乙醇胺来掩蔽这些离子。

2. 铬黑 T 指示剂的用量要适当，以鲜艳的酒红色为度，不可为黑酒红色，由于黑酒红色在滴定终点时转化为黑蓝颜色，导致滴定终点较难判断，影响测定结果的准确度。

3. 当水的硬度较大时，在 pH = 10 会析出 $MgCO_3$、$CaCO_3$ 沉淀使溶液变浑。

$$HCO_3^- + Ca^{2+} + OH^- \rightleftharpoons CaCO_3 \downarrow + H_2O$$

在这种情况下，滴定至终点时，常出现返回现象，使终点难于确定，滴定结果的重复性差。为了防止 Ca^{2+}、Mg^{2+} 的沉淀，可按以下方法操作：用移液管移取水样 100ml，置于锥形瓶中，投入一小块刚果红试纸，用 6mol/L 盐酸酸化至试纸变蓝色，振摇 2 分钟后，再加 $NH_3 \cdot H_2O$-NH_4Cl 缓冲溶液 5ml 和铬黑 T 指示剂少许，用 0.05mol/L EDTA 标准溶液滴定。

【思考题】

1. 为什么测定 Ca^{2+} 和 Mg^{2+} 总量时，要控制 pH = 10？叙述铬黑 T 指示剂的使用条件。

2. 测定总硬度时，溶液中发生了哪些反应，它们是如何竞争的？

（白慧云）

实验十四　中药明矾的含量测定

【实验目的和要求】

1. 掌握配位滴定法中返滴定法的基本原理及计算。
2. 了解 EDTA 标准溶液测定铝盐的特点。

【实验原理】

明矾性寒味酸涩，具有较强的收敛作用，中医认为明矾具有解毒杀虫，燥湿止痒，止血止泻，清热消痰的功效。近年来的研究证实，明矾还具有抗菌，抗阴道滴虫等作用。一些中医用明矾来治疗高脂血症、十二指肠溃疡、肺结核咯血等疾病。明矾（$KAl(SO_4)_2 \cdot 12H_2O$，$M = 474.2$）的含量一般都通过测定其组成中的铝含量，然后换算成明矾的质量分数。

Al^{3+} 与 EDTA 的配位反应速度较慢，Al^{3+} 对二甲酚橙指示剂有封闭作用，当酸度不高时，Al^{3+} 易水解形成多种多羟基配合物。因此要采用返滴定法进行测定，即在试样中加入一定量过量的 EDTA 标准溶液，加热可促使配位反应进行的快速完全。冷却后，调节溶液 pH5~6，用锌标准溶液滴定反应后剩余的 EDTA。

在用锌标准溶液滴定过量的 EDTA 之前一定要控制溶液的酸度为 pH5~6，因为 pH<4 Al^{3+} 与 EDTA 的配位不完全，不能滴定；pH≥7，则生成 $Al(OH)_3$ 沉淀。另外二甲酚橙指示剂在 pH<6.3 时呈黄色，pH>6.3 时呈红色，Zn^{2+} 与二甲酚橙的络合物呈紫红色，因此，可用 HAc-NaAc 缓冲溶液或六次甲基四胺（乌络托品）控制酸度。

整个滴定过程中的反应如下。

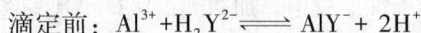

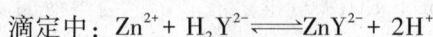

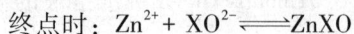

滴定前：$Al^{3+} + H_2Y^{2-} \rightleftharpoons AlY^- + 2H^+$

滴定中：$Zn^{2+} + H_2Y^{2-} \rightleftharpoons ZnY^{2-} + 2H^+$

终点时：$Zn^{2+} + XO^{2-} \rightleftharpoons ZnXO$

　　　　（黄色）　　　　（紫红色）

明矾的百分质量分数：

$$w_{KAl(SO_4)_2 \cdot 12H_2O}(\%) = \frac{[c_{EDTA} \times V_{EDTA} - c_{ZnSO_4} \times V_{ZnSO_4}] \times M_{KAl(SO_4)_2 \cdot 12H_2O}}{1000 \times m_s \times \dfrac{V_{滴定}}{V_s}} \times 100\% \quad (M_{KAl(SO_4)_2 \cdot 12H_2O} = 474.4 g/mol)$$

式中，m_s 是实验中称取明矾样品质量；V_s 是所称取明矾稀释定容的总体积；$V_{滴定}$ 滴定时移取明矾样品溶液的体积；V_{EDTA} 溶液中所加 EDTA 标准溶液的体积；V_{ZnSO_4} 滴定中消耗 $ZnSO_4$ 标准溶液的体积。

【实验材料】

1. 仪器　酸式滴定管（50ml）、烧杯（50ml）、试剂瓶（500ml）、台秤、锥形瓶（250ml×3）、量筒（100ml，10ml）、移液管（20ml、25ml）、容量瓶（250ml）、水浴锅、药勺。

2. 试剂　硫酸锌固体、明矾样品、稀盐酸、甲基红指示剂（1：4000）、氨试液（配制方法同实验十二）、$NH_3 \cdot H_2O$-NH_4Cl 缓冲溶液（配制方法见实验十二）、六次甲基四胺（或 HAc-NaAc 缓冲溶液）、蒸馏水、铬黑 T 指示剂、0.05mol/L EDTA 标准溶液（其浓度已由实验十二标定好）、二甲酚橙指示剂。

【实验步骤】

1. 0.05mol/L ZnSO₄标准溶液的配制　称取固体硫酸锌7.5g，加稀盐酸10ml与适量的蒸馏水溶解成500ml，摇匀即得。

2. 0.05mol/L ZnSO₄标准溶液的标定　精密量取20.00ml ZnSO₄标准溶液，于锥形瓶中，加甲基红指示剂1滴，滴加氨试液至溶液显为微黄色，加蒸馏水25ml，加NH_3H_2O-NH_4Cl缓冲溶液（pH≈10）10ml，铬黑T指示剂少许，用0.05mol/L EDTA标准溶液滴定，当溶液的颜色刚好由紫红色变为纯蓝色时停止滴定。即为终点。记录消耗0.05mol/L DETA标准溶液的体积V_{EDTA}，平行测定三次，结果取平均值。

计算公式：$c_{ZnSO_4} = \dfrac{c_{EDTA} \cdot V_{EDTA}}{V_{ZnSO_4}}$

3. 明矾的含量测定　精密称取明矾样品约2.4g（准确至0.1mg），于50ml的烧杯中，用适量的水溶解，完全转移至250ml容量瓶中，稀释至刻线，摇匀，用移液管吸取25.00ml，于250ml锥形瓶中，准确加入已标定好的25.00ml 0.05mol/L EDTA标准溶液，并在沸水浴中加热10分钟（或中高火微波5分钟），冷至室温后，加蒸馏水100ml，六次甲基四胺5g（或HAc-NaAc缓冲溶液10ml），二甲酚橙指示剂10滴，再用0.05mol/L ZnSO₄标准溶液滴定，当溶液的颜色刚好由黄色变为紫红色时，停止滴定并记录消耗EDTA标准溶液的体积，平行测定三次，取平均值作为实验结果。

【注意事项】

1. 样品溶于蒸馏水后，会慢慢水解至混浊，在加入过量的EDTA标准溶液加热后，即可溶解，不影响测定。

2. 加热促进Al^{3+}与EDTA的配位反应进行，一般在沸水浴中加热3分钟配位程度可达99%，为了使反应完全，加热10分钟。

3. 在pH<6时，游离二甲酚橙呈黄色，滴定至稍微过量时，Zn^{2+}与部分二甲酚橙络合成紫红色，黄色与红紫色组成橙色，故滴定至橙色即为终点。

【思考问题】

1. 用EDTA测定铝盐含量，为什么用返滴定法进行，允许的最低pH值为多少？

2. 测定铝盐含量能用铬黑T作为指示剂吗？

（白慧云）

实验十五　混合物中钙和镁的含量测定

【实验目的和要求】

1. 掌握配位滴定法测定试样中各组分的原理及方法。

2. 熟悉钙指示剂的原理及使用条件。

3. 了解由调节酸度提高配位滴定选择性的原理。

【实验原理】

分别测定混合物中钙、镁离子的含量时，可先往溶液中加入掩蔽剂三乙醇胺，消去溶液中可能存在的Al^{3+}、Fe^{3+}等干扰离子影响，再通过调节溶液的酸度对它们的含量进行测定。当溶液的pH≈10时，以铬黑T为指示剂，用EDTA标准溶液滴定可测定Ca^{2+}和Mg^{2+}总量，终点颜色为蓝色。当溶液的 pH 在 12~13 时，Mg^{2+} 生成 $Mg(OH)_2$ 沉淀，用 EDTA 可以单独滴定 Ca^{2+} 的量。在 pH12~13 时钙指示剂与 Ca^{2+} 形成稳定的粉红色配合物，而游离指示剂为蓝色，故终点颜色为蓝色。反应式如下：

（1）pH = 10 时

滴定前：$Mg^{2+}+HIn^{2-} \rightleftharpoons MgIn^-+H^+$

滴定中：$Mg^{2+}+H_2Y^{2-} \rightleftharpoons MgY^{2-}+2H^+$

$Ca^{2+}+H_2Y^{2-} \rightleftharpoons CaY^{2-}+2H^+$

终点时：$MgIn^-+H_2Y^{2-} \rightleftharpoons MgY^-+HIn^{2-}+H^+$

（酒红色）　　　　　　（纯蓝色）

（2）pH = 12~13 时

滴定前：$Mg^{2+}+2OH^- \rightleftharpoons Mg(OH)_2\downarrow$

$Ca^{2+}+HIn^{2-} \rightleftharpoons CaIn^-+H^+$

滴定中：$Ca^{2+}+H_2Y^{2-} \rightleftharpoons CaY^{2-}+2H^+$

终点时：$CaIn^-+H_2Y^{2-} \rightleftharpoons CaY^{2-}+HIn^{2-}+H^+$

（粉红色）　　　　　　（纯蓝色）

【实验材料】

1. 仪器　锥形瓶（250ml×3），滴定管（50ml），量筒（10ml，100ml）等。

2. 试剂　钙盐和镁盐的混合试样、二乙胺、钙指示剂、0.05mol/L EDTA 标准溶液（0.05mol/L，已按实验十二标定），$NH_3\cdot H_2O-NH_4Cl$ 缓冲液（pH = 10.0），铬黑 T 指示剂，2% 蔗糖溶液，1mol/L 氢氧化钠溶液。

【实验步骤】

1. 钙的测定　精密称取适量的可溶性镁盐及钙盐混合试样 1.2g（准确至 0.1mg），充分溶解后，用 250ml 的容量瓶定容至刻度线，得到钙镁混合液。精密吸取钙镁混合液 20.00ml，加水 25ml，2% 蔗糖溶液 2ml，二乙胺 3ml，用 1mol/L 氢氧化钠溶液调节 pH = 12~13（通常加入 1mol/L 氢氧化钠溶液 10ml），再加入钙指示剂 1ml，用 EDTA 标准溶液（0.05mol/L）滴定，溶液由粉红色变为纯蓝色即为终点，消耗体积为 V_1。平行测定三次，按下式计算 Ca 的百分含量，取平均值做为实验结果（$M_{Ca}=40.08$）。

$$w_{Ca}\% = \frac{c_{EDTA}V_1M_{Ca}}{1000\times m_s\times\dfrac{20.00}{250.00}}\times100$$

2. 镁的测定　精密吸取钙镁混合液 20.00ml，加水 25ml，$NH_3\cdot H_2O-NH_4Cl$ 缓冲液 10ml，铬黑 T 指示剂 2 滴，用 EDTA 标准溶液（0.05mol/L）滴定至溶液由酒红色变为纯蓝色即为终点，消耗体积为 V_2。平行测定三次，按下式计算 Mg 的百分含量，取平均值做为实验结果（$M_{Mg}=24.31$）。

$$w_{Mg}\% = \frac{c_{EDTA}(V_2-V_1)M_{Mg}}{1000\times m_s\times\dfrac{20.00}{250.00}}\times100$$

【注意事项】

1. 二乙胺用量要适当，如果 pH<12，则 $Mg(OH)_2$ 沉淀不完全；而 pH>13 时，钙指示剂在终点变化不明显。

2. 由于滴定钙时有大量镁存在，调 pH≥12 时会有大量氢氧化镁沉淀，对 Ca^{2+} 有吸附作用，所以测钙时要先加少量 2% 蔗糖溶液，再加二乙胺，可以减少沉淀对 Ca^{2+} 的吸附。

3. 在测定钙镁离子含量时，如果溶液中还有 Al^{3+}、Fe^{3+}、Cu^{2+} 等干扰离子存在时，应该加入适量的三乙醇胺，来消除干扰离子的干扰。

【思考题】

1. 在测定 Ca^{2+} 含量时，为什么需要加入一定量的 2% 的蔗糖溶液？

2. 测定 Ca^{2+}、Mg^{2+} 时分别加入二乙胺和氯性缓冲液，它们各起什么作用？能否用氨性缓冲液代替二乙胺？

3. 测定 Ca^{2+}、Mg^{2+} 时，如何消除 Al^{3+}、Fe^{3+}、Cu^{2+} 等干扰离子的干扰？

（白慧云）

第五章　氧化还原滴定法实验

为了节省碘及碘化钾用量，减少实验经费的开销，故将四个碘量法实验设计成了微缩实验，微缩的倍数为原实验的五分之一，并经过十多年的实践验证，证明了它们是切实可行的，可推广使用。

实验十六　0.02mol/L $Na_2S_2O_3$ 标准溶液的配制与标定（微缩实验）

【实验目的和要求】

1. 掌握 $Na_2S_2O_3$ 标准溶液的配制及标定方法。
2. 熟悉使用碘量瓶和正确判断淀粉指示剂的终点。
3. 了解置换碘量法的一般操作过程。

【实验原理】

$Na_2S_2O_3$ 标准溶液通常用 $Na_2S_2O_3 \cdot 5H_2O$ 配制，由于 $Na_2S_2O_3$ 遇酸即迅速分解产生单质S，配制时若水中含 CO_2 较多，pH偏低，容易使配制的 $Na_2S_2O_3$ 变混浊。另外，水中若有微生物，微生物也可以使 $Na_2S_2O_3$ 慢慢分解。因此，配制 $Na_2S_2O_3$ 通常用新煮沸放冷的蒸馏水，并先在水中加入少量的 Na_2CO_3，然后再把 $Na_2S_2O_3$ 溶解于其中。

标定 $Na_2S_2O_3$ 可用 $KBrO_3$，KIO_3，$K_2Cr_2O_7$，$KMnO_4$ 等氧化剂，以 $K_2Cr_2O_7$ 用得最多。标定时采用置换滴定法，即让 $K_2Cr_2O_7$ 先与过量KI作用，再以淀粉溶液为指示剂，用欲标定的 $Na_2S_2O_3$ 溶液滴定析出的 I_2。

第一步反应：

$$Cr_2O_7^{2-} + 14H^+ + 6I^- \rightleftharpoons 3I_2 + 2Cr^{3+} + 7H_2O$$

在酸度较低时，此反应完成较慢，若酸性太强使 I^- 被空气氧化成 I_2 的速度加快，滴定误差大。因此，必须注意酸度的控制，并避光放置10分钟，此反应才能定量完成。

第二步反应：

$$I_2 + 2S_2O_3^{2-} \rightleftharpoons 2I^- + S_4O_6^{2-}$$

由于淀粉溶液在有 I^- 存在时能与 I_2 分子形成蓝色可溶性吸附化合物，使溶液呈蓝色。达到终点时，溶液中 I_2 全部与 $Na_2S_2O_3$ 作用，则蓝色消失。但开始 I_2 太多，被淀粉吸附的过牢，就不易完全被 $Na_2S_2O_3$ 夺出，致使终点颜色变化不敏锐。因此必须在滴定至近终点时加入淀粉指示剂。

$Na_2S_2O_3$ 与 I_2 的反应只能在中性或弱酸性溶液中进行，因为在碱性溶液中会发生下面的副反应：

而在酸性溶液中 $Na_2S_2O_3$ 又易分解：

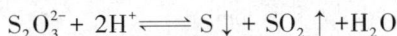

在用 $Na_2S_2O_3$ 进行滴定之前，溶液应先用水稀释，其目的：①降低酸度，防止 I^- 被氧化；②使溶液中的 Cr^{3+} 离子浓度降低，终点时不致颜色太深而影响终点的观察。另外 KI 浓度不可过大，否则 I_2 与淀粉所显的颜色偏红紫色，也不利于观察终点。

【实验材料】

1. 仪器　电子天平、台秤、棕色酸式滴定管（50ml）、碘量瓶（250ml）、试剂瓶（500ml）、小烧杯、量筒等。

2. 试剂　固体 $K_2Cr_2O_7$（基准试剂）、KI（固体）、Na_2CO_3（固体）、$Na_2S_2O_3 \cdot 5H_2O$（固体）、HCl 溶液（1:2）、淀粉指示剂、蒸馏水等。

附：0.5% 淀粉指示剂的配制：取可溶性淀粉 0.5g，加冷蒸馏水 10ml，搅拌后缓缓倾入 90ml 沸蒸馏水中，随加随搅，煮沸至呈半透明，迅速冷却，待用。本品应临用时新配，不能放置过久。

【实验步骤】

1. 0.02mol/L $Na_2S_2O_3$ 标准溶液的配制　在 500ml 含有 0.2g Na_2CO_3 的新煮沸放冷的蒸馏水中加 2.5g $Na_2S_2O_3 \cdot 5H_2O$，使其完全溶解，放置两周后再标定。

2. 0.02mol/L $Na_2S_2O_3$ 标准溶液的标定　①取在 120℃ 干燥至恒重的基准物 $K_2Cr_2O_7$ 0.22g，精密称定后，置于小烧杯中；②加少量蒸馏水溶解后，完全转移至 250ml 的容量瓶中，并稀释至刻度线；③移取此溶液 25.00ml 于碘量瓶中，加固体 KI 0.6g，轻轻旋摇使其溶解，加 1:2 HCl 溶液 2ml，密塞，摇匀，封水，在暗处放置 10 分钟；④加入 25ml 蒸馏水稀释，用 $Na_2S_2O_3$ 标准溶液滴定至近终点，加淀粉指示剂 1ml，继续用 $Na_2S_2O_3$ 标准溶液滴定至终点（蓝色消失）。平行标定三次，相对平均偏差不能超过 0.2%，计算 $Na_2S_2O_3$ 的浓度，结果取平均值。

3. 结果计算　$c_{Na_2S_2O_3} = \dfrac{m_{K_2Cr_2O_7} \times \dfrac{25.00}{250.00}}{V_{Na_2S_2O_3} \times \dfrac{M_{K_2Cr_2O_7}}{6000}}$（mol/L）　　（$M_{K_2Cr_2O_7} = 294.20$ g/mol）

【注意事项】

1. $K_2Cr_2O_7$ 与 KI 反应进行较慢，在稀溶液里尤其慢，故在加水稀释前，应放置 10 分钟，使反应完全。

2. 滴定前要稀释，Cr^{3+} 浓度较大时（绿色太深）不易观察终点。

3. 酸度对滴定的影响很大，操作时应注意控制反应溶液的 pH。

4. KI 要过量，但不能超过 2%~4%，因为 I^- 太浓，淀粉指示剂的颜色转变不灵敏。

5. 终点有回蓝现象，如果不是很快回蓝，可认为是由于空气中氧的氧化作用造成的，不影响结果；如果很快回蓝，说明 $K_2Cr_2O_7$ 与 KI 的反应未进行完全。

【思考题】

1. 用 $K_2Cr_2O_7$ 标定 $Na_2S_2O_3$ 溶液时为什么要在暗处放置 10 分钟？滴定前为什么要加水稀释？

2. 配制 $Na_2S_2O_3$ 溶液时为什么加 Na_2CO_3？为什么用新煮沸放冷的蒸馏水？

3. $K_2Cr_2O_7$ 和 $Na_2S_2O_3$ 反应的化学反应计量比是多少？

（杨　铭）

实验十七　0.01mol/L I_2 标准溶液的配制与标定（微缩实验）

【实验目的和要求】
1. 掌握碘标准溶液的配制及标定方法。
2. 熟悉淀粉指示剂的使用原理。
3. 了解直接碘量法的一般操作过程。

【实验原理】
碘在水中的溶解度很小（0.02g/100ml），但有大量 KI 存在时，I_2 与 KI 形成可溶性的 I_3^- 络离子，这样既增大了 I_2 的溶解度又降低了 I_2 的挥发性，所以配制碘标准溶液时都将 I_2 溶解于浓 KI 溶液。

另外，在配制 I_2 标准溶液时，还要加入少许盐酸，其目的：一是因为在配制 $Na_2S_2O_3$ 时加入了少量 Na_2CO_3，为使将来滴定时反应不致在碱性环境中进行而加入一些盐酸以中和 Na_2CO_3；二是加入少量盐酸是为了消除碘化钾中可能存在的少量 KIO_3，以免 KIO_3 对测定有影响。因为 KIO_3 与 KI 作用在酸性介质中生成 I_2。

$$IO_3^- + 5I^- + H^+ \rightleftharpoons 3I_2 + 3H_2O$$

碘液可用纯三氧化二砷（砒霜）或硫代硫酸钠溶液标定。

商业上很容易得到基准物质级的三氧化二砷，滴定时，先将三氧化二砷溶于氢氧化钠溶液中，$As_2O_3 + 6NaOH \rightleftharpoons 2Na_3AsO_3 + 3H_2O$

再用待标定的 I_2 溶液滴定 AsO_3^{3-}。反应式如下：

$$AsO_3^{3-} + I_2 + H_2O \rightleftharpoons AsO_4^{3-} + 2I^- + 2H^+$$

这个滴定反应是可逆的。但这个反应不允许有强碱存在，所以要用硫酸中和过量的氢氧化钠。如果溶液中碘化氢（HI）一生成就被中和的话，上述反应就会从左到右定量进行，因此，本实验中生成的 HI 用碳酸氢钠进行中和。

利用硫代硫酸钠溶液标定 I_2 标准溶液的原理见实验十六。

【实验材料】
1. 仪器　电子天平、台秤、棕色酸式滴定管（50ml）、锥形瓶（250ml）、棕色试剂瓶（500ml）、小烧杯、量筒等。

2. 试剂　固体碘、固体 KI、HCl 溶液（1∶2）、NaOH（1mol/L）、硫酸溶液（1∶2）、浓盐酸、淀粉指示剂、固体 $NaHCO_3$、0.02mol/L $Na_2S_2O_3$ 标准溶液、蒸馏水等。

【实验步骤】
1. I_2 标准溶液的配制　取固体 I_2 0.9g，加浓 KI（3g KI 溶于 2ml 蒸馏水中）溶解后，加浓盐酸 1 滴与蒸馏水 350ml，盛棕色试剂瓶中，摇匀，用垂熔玻璃滤器过滤。

2. I_2 标准溶液的标定

（1）用三氧化二砷标定　准确称取 0.11g 三氧化二砷（预先于 105℃ 干燥 2 小时），溶于 4ml NaOH（1mol/L）中，可加微热使之溶解，加入 20ml 蒸馏水，加 1 滴酚酞，用胶头滴管滴加硫酸溶液（1∶2）至红色褪去变为无色，转移至 100ml 的量瓶中定容。精密移取上述溶液

20.00ml 置于锥形瓶中，加 1g $NaHCO_3$，30ml 蒸馏水，淀粉指示剂 2ml。用 I_2 标准溶液滴定至蓝色（1 滴或半滴变色），记录消耗 I_2 标准溶液的体积，平行测定三次。按下式计算 I_2 标准溶液的浓度：

$$c_{I_2} = \frac{m_{As_2O_3} \times \dfrac{20.00}{100.00}}{M_{As_2O_3} V_{I_2}} \times 1000 \, (mol/L) \quad (M_{As_2O_3} = 197.84 g/mol)$$

（2）用硫代硫酸钠标定　准确移取 I_2 溶液 20.00ml，于锥形瓶中，加蒸馏水 25ml 和 HCl（1∶2）溶液 2ml，用 0.02mol/L $Na_2S_2O_3$ 滴定，近终点时，加淀粉指示剂 1ml，继续滴定至终点（1 滴或半滴 $Na_2S_2O_3$ 标准溶液的滴入刚好使蓝色消失），记录消耗 0.02mol/L $Na_2S_2O_3$ 体积，平行测定三次。按下式计算 I_2 标准溶液的浓度：

$$c_{I_2} = \frac{c_{Na_2S_2O_3} V_{Na_2S_2O_3}}{2V_{I_2}} \, (mol/L) \quad (M_{K_2Cr_2O_7} = 294.20 g/mol)$$

【注意事项】

1. I_2 必须完全溶解在浓 KI 溶液之后，再用蒸馏水稀释，否则浓度不稳定。

2. 采用（2）法标定碘溶液时，淀粉指示剂加入的时间不能过早，否则终点不明显。

3. As_2O_3 有毒，注意采用保护措施。

【思考题】

1. 配制 I_2 标准溶液时，为什么加浓 KI 溶液？将称得的 I_2 和 KI 一起加入一定体积的蒸馏水中可不可以？为什么？

2. 用 $Na_2S_2O_3$ 标定 I_2 时，淀粉指示剂为什么在近终点时加入？何时为近终点？

（杨　铭）

实验十八　维生素 C 的含量测定（微缩实验）

【实验目的和要求】

1. 掌握直接碘量法的滴定过程、原理及计算。

2. 进一步熟悉碘量法操作。

3. 了解测定维生素 C 含量的方法。

【实验原理】

维生素 C 的结构如下：

由于维生素 C 分子中含有多个 —OH，所以具有一定的还原性，可被 I_2 直接氧化。氧化反应在稀酸溶液中进行，维生素 C 分子中的二烯醇基被 I_2 氧化成二酮基。

此反应进行的很完全，不必加碱即可使反应向右进行。相反，由于维生素 C 的还原性相当强，易被空气氧化，特别是在碱性溶液中更易被氧化，所以加稀醋酸使它保持在酸性溶液中，以减少副反应。

【实验材料】

1. 仪器　电子天平、台秤、棕色酸式滴定管（50ml）、碘量瓶（250ml）、滴管、量筒等。

2. 试剂　维生素 C（固体）、0.01mol/L I_2 标准溶液（按实验十七方法标定）、稀醋酸（60ml 冰醋酸加水稀释至 1000ml）、0.5% 淀粉指示剂。

【实验步骤】

在电子天平上精密称取维生素 C 0.2g 于小烧杯中，加入 10ml 稀醋酸，溶解后完全转移至 100ml 容量瓶中，用蒸馏水稀释至刻度线。移取该溶液 20.00ml 于锥形瓶中，加淀粉指示剂 1ml，再加入蒸馏水 20ml。立即用 0.01mol/L 的 I_2 标准溶液进行滴定，当溶液的颜色刚好由无色变为蓝色并保持 30 秒不褪时即为终点，记录消耗标准溶液的体积，平行测定三次。

计算公式：维生素 $C\% = \dfrac{(c \cdot V)_{I_2} \cdot M_{Vc}}{1000 \cdot m_{样品} \cdot \dfrac{20.00}{100.00}}$　　（$M_{维生素C} = 176.13\text{g/mol}$）

【注意事项】

1. 溶解维生素 C 用的蒸馏水，必须先加入稀醋酸后，再加入维生素 C 中，否则维生素 C 将有一部分被氧化。

2. 蒸馏水事先煮沸放冷，以除去其中的 CO_2、O_2 等易将维生素 C 氧化的物质。

【思考题】

1. 为什么维生素 C 含量可以用碘量法测定？

2. 溶解样品时为什么用新煮沸并放冷的蒸馏水？

3. 维生素 C 本身就是一个酸，为什么测定时还要加酸？

（杨　铭）

实验十九　铜盐含量的测定（微缩实验）

【实验目的和要求】

1. 掌握间接碘量法中置换滴定方式的原理和计算方法。

2. 进一步巩固碘量法的基本操作。

3. 准确测定铜盐含量。

【实验原理】

间接碘量法包括置换滴定及剩余滴定两种方式。本实验用置换滴定方式测定 $CuSO_4 \cdot 5H_2O$ 的含量。测定铜盐时，在醋酸酸性溶液中，利用过量的 KI 将铜还原成 Cu_2I_2，同时定量地置换出 I_2。反应如下：

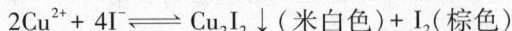

$$2Cu^{2+} + 4I^- \Longrightarrow Cu_2I_2 \downarrow（米白色）+ I_2（棕色）$$

生成的 I_2 与过量的 I^- 形成配离子：

$$I_2 + I^- \Longrightarrow I_3^-$$

因此，I^- 在这里不仅是 Cu^{2+} 的还原剂，还是反应产物 I_2 的配位体及 Cu^{2+} 的沉淀剂。Cu^{2+} 与 I^- 的反应是可逆的，任何引起 Cu^{2+} 浓度减小或 Cu_2I_2 沉淀溶解度增加的因素均使反应不完全。为促使 Cu^{2+} 能定量沉淀，须加入过量 KI。

生成物 I_2 的量，取决于样品中 Cu^{2+} 的含量，即 1mol I_2 的量相当于 2mol Cu^{2+} 的量。析出的 I_2，以淀粉为指示剂，再用 $Na_2S_2O_3$ 滴定。反应如下：

$$I_2 + 2Na_2S_2O_3 \Longrightarrow 2NaI + Na_2S_4O_6$$

从反应可知，2mol $Na_2S_2O_3$ 相当于 1mol I_2，因此即 1mol Cu^{2+} 相当于 1mol $Na_2S_2O_3$，由此可计算出铜的含量。

溶液的酸度对测定结果有影响。如酸度过低，由于 Cu^{2+} 的水解会使结果偏低，而且酸度低时反应速度较慢，还会使终点拖长；如酸度过高，则 I^- 被空气氧化为 I_2（Cu^{2+} 能催化此反应），使测定结果偏高。溶液的酸化用 H_2SO_4 或 HAc 为宜，用 HCl 时易形成配离子不利于测定。

由于 Cu_2I_2 沉淀能吸附 I_2，会使测定结果偏低，故通常在临近终点时加入 KSCN，使 Cu_2I_2（$K_{sp} = 5.6 \times 10^{-12}$）转化为溶解度更小的 CuSCN（$K_{sp} = 4.8 \times 10^{-15}$），并将吸附的 I_2 释放出来，使测定结果更为准确。

$$Cu_2I_2 + 2SCN^- \Longrightarrow 2CuSCN \downarrow + 2I^-$$

不过 KSCN 不能加入过早，以防其直接与 Cu^{2+} 作用。

$$6Cu^{2+} + 7SCN^- + 4H_2O \Longrightarrow 6CuSCN \downarrow + SO_4^{2-} + HCN + 7H^+$$

矿石或合金中的铜也可用碘量法测定，但须设法去除其他能够氧化 I^- 的干扰物质。

【实验材料】

1. 仪器　电子天平、台秤、酸式滴定管（50ml）、碘量瓶（250ml）、滴管、量筒等。

2. 试剂　$CuSO_4 \cdot 5H_2O$（固体）、醋酸（36%～37%）、固体 KI、0.5% 淀粉指示剂、0.02mol/L $Na_2S_2O_3$ 标准溶液（按实验十六方法标定）、10% KSCN 溶液、蒸馏水。

【实验步骤】

精密称取 $CuSO_4 \cdot 5H_2O$（固体）约 0.1g（3 份），分别置于 3 个碘量瓶（编号）中，加蒸馏水 25ml，溶解后，加醋酸（36%～37%）4ml，0.5g 固体 KI，用 0.02mol/L $Na_2S_2O_3$ 标准溶液进行滴定，滴定至近终点（浅黄色）时，加 0.5% 淀粉指示剂 1ml，当滴定至淡蓝色时，加 10% KSCN 溶液 1ml，用力振摇约 1 分钟，继续滴定至溶液的蓝色刚好消失时即为终点，记录消耗标准溶液的体积。按下式计算 $CuSO_4 \cdot 5H_2O$ 的质量百分含量：

$$\omega_{CuSO_4 \cdot 5H_2O} = \frac{c_{Na_2S_2O_3} \cdot V_{Na_2S_2O_3} \cdot \dfrac{M_{CuSO_4 \cdot 5H_2O}}{1000}}{m_S} \times 100\% \quad (M_{CuSO_4 \cdot 5H_2O} = 249.68g/mol)$$

【注意事项】

1. 因为 Cu_2I_2 为米白色沉淀对 I_2 分子有吸附作用，所以在临近终点时要充分振摇，终点时的溶液的蓝色消失为信号，整个溶液应为无色溶液与米白色沉淀的混悬液。

2. 滴定应在碘量瓶中进行以减少 I_2 的挥发性和 I^- 被空气中的氧氧化。

【思考题】

1. 根据标准电极电位 $\varphi^{\ominus}_{Cu^{2+}/Cu^+} = 0.159V$，$\varphi^{\ominus}_{I_2/2I^-} = 0.535V$，$Cu^{2+}$ 不能氧化 I^-，但本实验为什么可用间接法测定铜盐的含量？

2. 下述反应中并无 H^+ 参加：

$$2Cu^{2+} + 4I^- \Longrightarrow Cu_2I_2 \downarrow + I_2$$

为什么测时要控制溶液的酸度？酸度过高或过低对测定结果可能产生什么影响？

3. 实验中为什么必须加入过量 KI？KI 在反应中起哪些作用？加入 KI 后为什么要立即用 $Na_2S_2O_3$ 标准溶液滴定？

（杨　铭）

实验二十　$KMnO_4$ 标准溶液的配制与标定

【实验目的和要求】

1. 掌握 $KMnO_4$ 标准溶液的配制方法和标定原理。
2. 熟悉温度、滴定速率和自催化剂等对滴定分析的影响。
3. 了解自身指示剂指示终点的方法。

【实验原理】

市售 $KMnO_4$ 中常含少量 MnO_2、硫酸盐、氯化物等杂质，MnO_2 混入其中起催化剂作用促使 $KMnO_4$ 逐渐分解。$KMnO_4$ 氧化能力很强，能与水中的有机物发生缓慢反应，生成的 $MnO(OH)_2$ 又会促使 $KMnO_4$ 进一步分解，光照和蒸馏水中的微量还原性物质还可促使 $KMnO_4$ 分解。因此，$KMnO_4$ 溶液不稳定，不能用直接法配制，特别是配制初期浓度易发生改变。为了获得稳定的 $KMnO_4$ 溶液，配置的溶液要贮存于棕色瓶中，暗处放置 7~8 天（或加水溶解后煮沸 10~20 分钟，静置 2 天以上），并用垂熔玻璃漏斗过滤除去 MnO_2 等杂质再进行标定。

常用 $Na_2C_2O_4$ 基准物质在酸性条件下标定 $KMnO_4$ 标准溶液，溶液的酸度要保持在 1~2mol/L，采用 $KMnO_4$ 标准溶液自身的颜色指示滴定终点。

标定反应为：$2MnO_4^- + 5C_2O_4^{2-} + 16H^+ \rightleftharpoons 2Mn^{2+} + 10CO_2 + 8H_2O$

上述反应速度较慢，本实验采用以下措施提高反应速度：①增加反应物浓度（一次加入大部分的 $KMnO_4$ 标准溶液）；②升高反应温度（75℃左右）；③利用 Mn^{2+} 的自催化作用。

【实验材料】

1. 仪器　分析天平、水浴锅、垂熔玻璃漏斗、锥形瓶（250ml）、酸式滴定管（棕色，50ml 或 25ml）、试剂瓶（棕色，500ml）、烧杯（500ml）、量筒（5ml，25ml，100ml，500ml）。

2. 试剂　$KMnO_4$（A. R.）、$Na_2C_2O_2$（基准试剂）、硫酸溶液（1:1）。

【实验内容】

1. $KMnO_4$ 标准溶液（0.02mol/L）的配制　称取 $KMnO_4$ 1.6g，溶于 500ml 新煮沸并且放冷的蒸馏水中，混匀，置棕色试剂瓶中，密塞，静置 7 天以上，用垂熔玻璃漏斗过滤，摇匀，贮存于另一棕色试剂瓶中。

2. $KMnO_4$ 标准溶液（0.02mol/L）的标定　精密称取于 105℃ 干燥至恒重的 $Na_2C_2O_4$ 基准物约 0.2g（若为 25ml 滴定管，则取 0.14g），置 250ml 锥形瓶中，加新煮沸放冷的蒸馏水 100ml 与硫酸溶液（1:1）10ml，使溶解，迅速自滴定管中加入待标定的 $KMnO_4$ 溶液约 20ml（若为 25ml 滴定管，则加入约 15ml，边加边摇，以免产生沉淀），振摇，待 $KMnO_4$ 褪色后，置水浴加热至 75℃，继续用 $KMnO_4$ 滴定至溶液显微红色且保持 30 秒不褪色即为终点。滴定终点时，溶液温度应不低于 55℃。平行测定三次，按下式计算 $KMnO_4$ 标准溶液的浓度（$M_{Na_2C_2O_4} = 134.00g/mol$）。

$$c_{KMnO_4} = \frac{\frac{2}{5}m_{Na_2C_2O_4}}{V_{KMnO_4} \times \frac{M_{Na_2C_2O_4}}{1000}}$$

【注意事项】

1. 称样量 $KMnO_4$氧化性很强，与杂质反应可能耗去少量$KMnO_4$，配置溶液时需要称取稍多于计算用量的$KMnO_4$。

2. 温度 低于60℃条件下，$Na_2C_2O_4$与$KMnO_4$的反应较慢，故滴定开始前常需将溶液预先加热至75~85℃，并趁热滴定，但加热温度不宜过高。酸性条件下$Na_2C_2O_4$生成$H_2C_2O_4$，当溶液温度高于90℃，$H_2C_2O_4$部分分解。在滴定过程中溶液温度不低于55℃，否则反应速度慢而影响终点的观察和准确性。

3. 酸度 该反应需在酸性介质中进行，通常用硫酸控制酸度1~2mol/L。

4. 滴定速率 加入大部分的$KMnO_4$标准溶液并褪色后，Mn^{2+}对反应有催化作用，且溶液加热至75℃，这时滴定速度可适当加快，但仍不宜过快，应逐滴加入，否则加入的$KMnO_4$来不及与$C_2O_4^{2-}$反应，就在热的酸性溶液中分解，导致结果偏低。

5. 自身指示 $KMnO_4$溶液为紫红色，当溶液中MnO_4^-其浓度达到$2\times10^{-6}mol/L$时，就能显示粉红色，可利用稍过量的MnO_4^-的粉红色出现指示终点。另外，$KMnO_4$在酸性介质中是强氧化剂，终点时的粉红色溶液在空气中放置时，由于与空气中的还原性气体和灰尘作用而逐渐褪色，故30秒不褪色即为终点。

6. 过滤 $KMnO_4$可与有机物反应，故不可用滤纸过滤。

【思考题】

1. 为什么用硫酸调节溶液酸度？能不能用盐酸或硝酸？

2. 用$KMnO_4$滴定时滴定速率应如何控制？为什么？

3. 配制$KMnO_4$标准溶液，应注意哪些问题？标定$KMnO_4$标准溶液浓度时，需要注意控制哪些条件？

（李云兰）

实验二十一　双氧水中过氧化氢的含量测定

【实验目的和要求】

1. 掌握用$KMnO_4$标准溶液测定过氧化氢（H_2O_2）含量的原理和方法。

2. 熟悉液体样品的取样方法和含量表示方法。

【实验原理】

H_2O_2既有氧化性，也有还原性，在酸性溶液中H_2O_2遇氧化性比它强的$KMnO_4$，它表现为还原性，能被强氧化剂$KMnO_4$定量地氧化，因此，可用$KMnO_4$法直接测定H_2O_2的含量。其反应如下：

$$2MnO_4^- + 5H_2O_2 + 6H^+ \rightleftharpoons 2Mn^{2+} + 5O_2\uparrow + 8H_2O$$

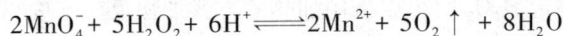

滴定开始时，反应较慢，反应产物Mn^{2+}起自动催化作用，待有少量Mn^{2+}生成后，反应速度逐渐加快，滴定速度才可适当加快。计量点后，稍过量的$KMnO_4$呈现的微红色即显示终点到达。

市售的H_2O_2中常含有少量的乙酰苯胺或脲素等作为稳定剂，它们也有还原性，妨碍对H_2O_2的测定。在这种情况下，以采用碘量法为宜。

【实验材料】

1. 仪器 酸式滴定管（棕色，50ml 或 25ml）、锥形瓶（250ml）、烧杯、移液管（2ml，

5ml，10ml）、搅拌棒、量筒、量瓶（100ml，50ml）、具塞磨口锥形瓶（50ml）。

2. 试剂 $KMnO_4$ 标准溶液（0.02mol/L，按实验二十方法配制与标定）、H_2O_2 溶液（30%，3%，市售）、1mol/L H_2SO_4 溶液。

【实验内容】

1. 30% H_2O_2 溶液的测定 精密吸取 30% H_2O_2 样品溶液 1.00ml（注意不可吸入口内），置于贮有 5ml 蒸馏水并已精密称定重量的具塞磨口锥形瓶中，精密称定，然后定量转移至 100ml 量瓶中，加水稀释至刻度，摇匀。精密吸取 10.00ml 置 250ml 锥形瓶中，加 1mol/L H_2SO_4 溶液 20ml 后，用 $KMnO_4$ 标准溶液（0.02mol/L）滴定至溶液显微红色即达终点。平行测定三次，按下式计算 H_2O_2 的质量分数（$M_{H_2O_2} = 34.02$g/mol）。

$$w_{H_2O_2}\%(W/W) = \frac{c_{KMnO_4} \cdot V_{KMnO_4} \times \dfrac{M_{H_2O_2}}{1000} \times \dfrac{5}{2}}{m_{H_2O_2} \times \dfrac{10.00}{100.00}} \times 100\%$$

2. 3% H_2O_2 溶液的测定 精密吸取 3% H_2O_2 溶液样品 5ml，置 100ml 量瓶中，加蒸馏水稀释至刻度。精密吸取上述溶液 20.00ml 置锥形瓶中，加 1mol/L H_2SO_4 溶液 20ml 后，用 $KMnO_4$ 标准溶液（0.02mol/L）滴定至终点（即溶液由无色转变为微红色）。平行测定三次，按下式计算 H_2O_2 的质量分数（$M_{H_2O_2} = 34.02$g/mol）。

$$\rho_{H_2O_2}\%(W/V) = \frac{c_{KMnO_4} \cdot V_{KMnO_4} \times \dfrac{M_{H_2O_2}}{1000} \times \dfrac{5}{2}}{V_{H_2O_2}} \times 100\%$$

【注意事项】

1. 当酸性很强时，$KMnO_4$ 可分解：

$$4KMnO_4^- + 12H^+ \rightleftharpoons 4Mn^{2+} + 5O_2\uparrow + 6H_2O$$

故滴定开始时滴定速度不能太快，以防未来得及反应的 $KMnO_4$ 在酸性溶液中分解。

2. H_2O_2 与 $KMnO_4$ 反应速度很慢，所以开始时加入 $KMnO_4$ 的速度要慢，待反应产生 Mn^{2+} 后速度可逐渐加快，但始终不能太快。近终点时要逐滴加入。

3. H_2O_2 容易挥发、分解放出 O_2，故应将 H_2O_2 置于贮有蒸馏水的容器中，且每份 H_2O_2 样品应在滴定前量取。

4. $KMnO_4$ 溶液具有很强的腐蚀性，应防止溅到皮肤和衣物上。

【思考题】

1. 如果测定工业品 H_2O_2，一般不采用 $KMnO_4$ 法，试设计一个更合理的实验方案。

2. 用碘量法测定 H_2O_2 时应如何操作，并写出相应的化学反应方程式。这种方法有什么优点？

3. 用 $KMnO_4$ 溶液测定 H_2O_2 时可以采用加热的方式加快反应速度吗？

4. 如何表达液体样品的含量？

（李云兰）

实验二十二　硫酸亚铁的含量测定

【实验目的和要求】

1. 掌握 $KMnO_4$ 法测定硫酸亚铁的原理和方法。
2. 进一步熟悉自身指示剂指示终点的方法。

【实验原理】

在硫酸酸性溶液中，$KMnO_4$ 能将亚铁盐氧化成高铁盐，利用 $KMnO_4$ 自身作指示剂指示滴定终点。反应如下：

$$2KMnO_4 + 10FeSO_4 + 8H_2SO_4 \rightleftharpoons 2MnO_2 + 5Fe_2(SO_4)_3 + K_2SO_4 + 8H_2O$$

溶液酸度对测定结果有较大影响，酸度低会析出二氧化锰。通常溶液酸度应控制在 $0.5 \sim 1.0 mol/L$ 范围内。实验中为了消除水中溶解氧的影响，应用新沸放冷的蒸馏水溶解样品。为防止 Fe^{2+} 被空气中的氧气氧化，样品溶解后应立即进行滴定。

【实验材料】

1. 仪器　锥形瓶（250ml）、酸式滴定管（棕色，50ml）、量筒（20ml）、烧杯等。

2. 试剂　$KMnO_4$ 标准溶液（0.02mol/L）、$FeSO_4 \cdot 7H_2O$（原料药）、H_2SO_4 溶液（1mol/L）。

【实验内容】

取硫酸亚铁样品约 0.5g，精密称定，置锥形瓶中，加 1mol/L H_2SO_4 溶液 15ml 使溶解，再加新沸放冷的蒸馏水 15ml，立即用 $KMnO_4$ 标准溶液（0.02mol/L）滴定至溶液显淡红色且 30 秒不褪色即为终点。平行测定三次，按下式计算 $FeSO_4 \cdot 7H_2O$ 的含量（$M_{FeSO_4 \cdot 7H_2O} = 278.01g/mol$）。

$$w_{FeSO_4 \cdot 7H_2O}\% = \frac{5c_{KMnO_4} \cdot V_{KMnO_4} M_{FeSO_4 \cdot 7H_2O}}{m_S \times 1000} \times 100$$

【注意事项】

1. 注意反应酸度，应先用 H_2SO_4 溶液溶解样品后，再加水稀释。

2. 反应开始时速度较慢，必要时可先加入适量 Mn^{2+}，以增加反应速度。在酸性溶液中，Fe^{2+} 易被空气中的氧氧化，高温时更甚，故滴定宜稍快一些，且在常温下进行。

3. Fe^{3+} 呈黄色，对终点观察稍有妨碍。必要时可加入适量磷酸与 Fe^{3+} 反应生成无色的 $FeHPO_4^+$，并降低 $\varphi^{\ominus}_{Fe^{3+}/Fe^{2+}}$ 值，以利反应进行完全。

4. $KMnO_4$ 法只适用于测定硫酸亚铁原料药，不适于硫酸亚铁糖浆、片剂等药物制剂。因为 $KMnO_4$ 可将制剂中的糖浆、淀粉氧化，测定结果不准确，此时应改用铈量法测定。在硫酸酸性（$0.5 \sim 4mol/L$）溶液中，Ce^{4+} 是强氧化剂，可将 Fe^{2+} 氧化成 Fe^{3+}，赋形剂无干扰。

5. 本实验也可用邻二氮菲为指示剂。滴定开始时，溶液中的 Fe^{2+} 与邻二氮菲结合为深红色配离子；终点时，指示剂中之 Fe^{2+} 被氧化成 Fe^{3+}，呈淡蓝色配离子。

【思考题】

1. $KMnO_4$ 法为什么用 H_2SO_4 控制溶液酸度，用 HCl 或 HNO_3 可以吗？

2. 写出铈量法测定药物制剂中硫酸亚铁的化学反应方程式。

3. 实验终点颜色偏橙色，为什么？若终点颜色偏淡红色，应采取什么措施？

（李云兰）

第六章 沉淀滴定法实验

实验二十三 银量法标准溶液的配制与标定

【实验目的和要求】

1. 掌握法扬司法（Fajan 法）和佛尔哈德法（Volhard 法）标定硝酸银标准溶液的方法原理。

2. 熟悉荧光黄指示剂和铁铵矾指示剂确定滴定终点的方法。

3. 了解硝酸银的一般性质。

【实验原理】

银量法是指以生成难溶性银盐（如 $AgCl$、$AgBr$、AgI 和 $AgSCN$）的反应为基础的沉淀滴定法，其中常用的标准溶液有 $AgNO_3$ 标准溶液和 NH_4SCN 标准溶液。

由于硝酸银性质很不稳定，光照下易于分解生成银、NO_2 和 O_2，因此 $AgNO_3$ 标准溶液采用间接法配制，标定时以 NaCl 作为基准物质，其标定反应为：

$$Ag^+ + Cl^- \Longrightarrow AgCl \downarrow$$

滴定时采用 Fajan 法确定滴定终点，以荧光黄（HFIn）为指示剂，滴定过程所发生的反应如下。

溶液中加入指示剂（pH7~10）：$HFIn \Longrightarrow H^+ + FIn^-$（黄绿）

化学计量点前：Cl^- 过量，$AgCl \cdot Cl^-$（优先吸附 Cl^-，沉淀表面带负电荷）

化学计量点后：Ag^+ 稍过量，$AgCl \cdot Ag^+$（吸附 Ag^+ 后，沉淀表面带正电荷）

吸附反应发生：$AgCl \cdot Ag^+ + FIn^-$（黄绿）$\Longrightarrow AgCl \cdot Ag^+ \cdot FIn^-$（微红）

终点现象为黄绿色溶液变为无色，沉淀表面呈微红色。

硫氰酸铵为无色、有毒易潮解晶体，受热易分解，其试剂中常含有硫酸盐和氯化物等杂质，因此 NH_4SCN 标准溶液采用间接法配制，标定时采用 Volhard 直接滴定的方式，在一定的酸性条件下，以铁铵矾为指示剂，用 $AgNO_3$ 标准溶液与 NH_4SCN 溶液进行定量比较，其反应如下：

滴定反应：$Ag^+ + SCN^- \Longrightarrow AgSCN \downarrow$

指示反应：$Fe^{3+} + SCN^- \Longrightarrow Fe(SCN)^{2+}$（淡棕红色）

【实验材料】

1. 仪器　台秤、棕色酸式滴定管（50ml）、棕色试剂瓶（500ml）、烧杯（250ml）、称量瓶、锥形瓶（250ml）、量筒、移液管等。

2. 试剂　固体 $AgNO_3$（分析纯）、固体 NH_4SCN（分析纯）、NaCl（基准物质）、糊精（1→50）、荧光黄指示剂（0.1% 乙醇溶液）、HNO_3（6mol/L）、铁铵矾指示剂（8% 水溶液）、蒸馏水等。

【实验步骤】

1. 0.1mol/L AgNO₃标准溶液的配制与标定 取固体 AgNO₃4.4g，置于烧杯中，加蒸馏水 100ml 使溶解，然后移入棕色试剂瓶中，加蒸馏水稀释至 250ml，充分摇匀，密塞。

取 270℃ 干燥至恒重的基准物质 NaCl 约 0.13g，精密称定，置于锥形瓶中，加入蒸馏水 50ml 使其溶解，再加糊精 2ml 和荧光黄指示剂 8 滴，用配制好的 AgNO₃ 溶液滴定至浑浊溶液 由黄绿色变为微红色即为终点，记录所消耗的 AgNO₃ 溶液的体积，按下式计算 AgNO₃ 标准溶 液的浓度（$M_{NaCl} = 58.44g/mol$）。平行测定三次，以三次结果的平均值作为 0.1mol/L AgNO₃溶 液的准确浓度。AgNO₃的浓度按下式计算（$M_{NaCl} = 58.5g/mol$）。

计算公式：
$$c_{AgNO_3} = \frac{m_{NaCl}}{V_{AgNO_3} \times \frac{M_{NaCl}}{1000}}$$

2. 0.1mol/L NH₄SCN 标准溶液的配制与标定 取固体 NH₄SCN 2.0g，置于烧杯中，加蒸 馏水 100ml 使溶解，然后移入棕色试剂瓶中，加蒸馏水稀释至 250ml，充分摇匀，密塞。

精密吸取 0.1mol/L AgNO₃标准溶液 20.00ml，置于锥形瓶中，加入蒸馏水 20ml，再加 HNO₃溶液 2ml 和铁铵矾指示剂 2ml，用配好的 NH₄SCN 溶液滴定 AgNO₃标准溶液至溶液呈淡棕 红色，剧烈振摇后不褪色即为终点，记录所消耗的 NH₄SCN 溶液的体积，按下式计算 NH₄SCN 标准溶液的浓度。平行测定三次，以三次结果的平均值作为 0.1mol/L NH₄SCN 溶液的准确 浓度。

计算公式：
$$c_{NH_4SCN} = \frac{c_{AgNO_3} \times V_{AgNO_3}}{V_{NH_4SCN}}$$

【注意事项】

1. 配制 AgNO₃溶液的蒸馏水应无 Cl⁻，否则 AgNO₃溶液会出现白色浑浊。

2. 硝酸银见光易分解，应在棕色瓶中避光保存。

3. 光线能促进荧光黄对 AgCl 的分解作用，析出金属银，使沉淀颜色加深，影响终点的观 察，因此滴定时应避免强光照射。

4. 为了使 AgCl 保持较强的吸附能力和较大的吸附表面，应使沉淀保持胶体状态，可将溶 液适当稀释，并加入糊精来保护胶体。

5. 标定 NH₄SCN 溶液时，为防止铁铵矾指示剂中 Fe^{3+} 的水解，应在酸性（HNO₃）溶液中 进行滴定。HNO₃中氮的低价氧化物能与 SCN⁻ 或 Fe^{3+} 反应生成红色物质，影响终点的观察，因 此需用新煮沸并放冷的 HNO₃。

【思考题】

1. 以吸附指示剂法标定 AgNO₃溶液时，为什么要加入糊精溶液？荧光黄指示剂使用的最 适 pH 条件是多少，为什么？

2. 按指示终点的方法不同，AgNO₃标准溶液标定有几种方法？并说明每种方法各在什么 条件下进行？

3. 在铁铵钒指示剂法中，为什么用铁铵钒作指示剂？能否用 Fe（NO₃）₃和 FeCl₃作指示剂？ 铁铵钒指示剂应如何配制？

4. 标定 NH₄SCN 溶液时，若不剧烈振摇，会使测定结果偏高还是偏低？为什么？

（陈 璇）

实验二十四 生理盐水中氯化钠的含量测定

【实验目的和要求】

1. 掌握莫尔法（Mohr 法）测定生理盐水中氯化钠含量的方法原理。

2. 掌握 K_2CrO_4 指示剂确定滴定终点的方法。

【实验原理】

实验采用 Mohr 法，在中性或弱碱性条件下，以 K_2CrO_4 为指示剂，用 $AgNO_3$ 标准溶液滴定生理盐水中氯化钠溶液。根据分步沉淀原理，AgCl 的溶解度（$1.8 \times 10^{-3}g/L$）小于 Ag_2CrO_4 的溶解度（$2.3 \times 10^{-2}g/L$），因此溶液中首先析出 AgCl 沉淀，当达到终点后，过量的 $AgNO_3$ 才与 K_2CrO_4 反应生成砖红色 Ag_2CrO_4 沉淀，从而指示终点而停止滴定。其反应为：

滴定反应：$Ag^+ + Cl^- \Longrightarrow AgCl \downarrow$（白色）

指示反应：$2Ag^+ + CrO_4^{2-} \Longrightarrow Ag_2CrO_4 \downarrow$（砖红色）

【实验材料】

1. 仪器 棕色酸式滴定管（50ml）、棕色试剂瓶（500ml）、烧杯（250ml）、锥形瓶（250ml）、容量瓶（50ml）量筒、吸量管（20ml）等。

2. 试剂 生理盐水（0.9% NaCl 溶液）、2.5% K_2CrO_4 指示剂、$AgNO_3$ 标准溶液（0.1mol/L，按实验二十三配制与标定）、蒸馏水等。

【实验步骤】

精密吸取生理盐水（0.9% NaCl 溶液）试样 15.00ml，置于锥形瓶中，加入 2.5% K_2CrO_4 指示剂溶液 1ml，25ml 蒸馏水，摇匀后，用 $AgNO_3$ 标准溶液（0.1mol/L）滴定至溶液生成稳定的砖红色沉淀即为终点，记录所消耗的 $AgNO_3$ 标准溶液的体积 V_1。另取蒸馏水 40ml，加入 0.2gCaCO_3 粉末，振摇，加入 2.5% K_2CrO_4 指示剂溶液 1ml，用 $AgNO_3$ 标准溶液（0.1mol/L）滴定至生成稳定的砖红色沉淀即为终点，记录所消耗的 $AgNO_3$ 标准溶液的体积 V_2，按下式计算生理盐水中 NaCl 溶液的含量（$M_{NaCl} = 58.44g/mol$）。平行测定三次，以三次结果的平均值作为生理盐水中 NaCl 溶液的准确含量。

计算公式：

$$NaCl\%(W/V) = \frac{c_{AgNO_3} \times (V_1 - V_2)_{AgNO_3} \times \dfrac{M_{NaCl}}{1000}}{V_{样} \times \dfrac{25}{50}} \times 100$$

【注意事项】

1. K_2CrO_4 指示剂的用量要恰当，用量过大使终点提前，导致负误差，用量过小时终点滞后导致正误差。

2. 防止吸附现象，滴定时需剧烈振摇，因为 AgCl 沉淀可吸附 Cl^-，被吸附 Cl^- 又较难和 Ag^+ 反应完全，振摇不充分可使终点提前。

【思考题】

1. 莫尔法要求控制溶液酸度在什么范围为宜？为什么？若有 NH_4^+ 存在时，对溶液的酸度范围的要求有什么不同？

2. 本实验是否可用佛尔哈德法或法扬司法测定生理盐水中氯化钠含量？

（陈 璇）

第七章　重量分析实验

实验二十五　硫酸钠含量的测定

【实验目的和要求】

1. 掌握沉淀重量法的基本原理。

2. 掌握灼烧干燥恒重法的基本操作。

3. 掌握晶形沉淀的沉淀条件。

【实验原理】

在酸性溶液中，加入过量的 $BaCl_2$ 作为沉淀剂使硫酸盐形成 $BaSO_4$ 晶体沉淀而析出，再经陈化、过滤、洗涤、灼烧至恒重后，以 $BaSO_4$ 沉淀形式称重，经换算即可计算出硫酸盐样品中 Na_2SO_4 的含量。其沉淀反应为：

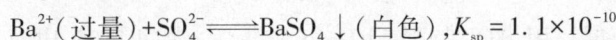

$$Ba^{2+}(过量) + SO_4^{2-} \rightleftharpoons BaSO_4 \downarrow (白色), K_{sp} = 1.1 \times 10^{-10}$$

在 SO_4^{2-} 与沉淀剂 Ba^{2+} 的沉淀过程中，加入过量沉淀剂，可增加同离子效应，$BaSO_4$ 溶解度大为减小，沉淀的溶解损失一般可忽略不计。同时，为防止产生 $BaCO_3$、$Ba_3(PO_4)_2$、$BaCrO_4$ 以及 $Ba(OH)_2$ 等共沉淀，可适当提高溶液酸度，增加 $BaSO_4$ 的溶解度，降低其相对过饱和度，有利于获得较好的晶形沉淀。但酸度不宜过高，以 $0.05mol/L$ HCl 溶液的酸度为宜。为防止共沉淀现象，实验还应在热的稀溶液中进行沉淀，过量沉淀剂应控制在 $20\% \sim 50\%$ 之内，滴加沉淀剂的速度要缓慢，以获得纯净的较大颗粒的 $BaSO_4$ 晶型沉淀。

【实验材料】

1. 仪器　烧杯（100ml，500ml）、玻璃棒、表面皿、滴管、洗瓶、量筒（10ml，100ml）定量滤纸、长颈漏斗、坩埚（25ml，灼烧至恒重）、坩埚钳、干燥器、电炉、水浴锅、石棉网、电子天平。

2. 试剂　硫酸钠样品（$Na_2SO_4 \cdot 10H_2O$）、HCl（6mol/L）、$BaCl_2$ 溶液（0.1mol/L）、$AgNO_3$（0.1mol/L）、HNO_3（3.0mol/L）。

【实验步骤】

1. 样品的称取与溶解　精密称取 Na_2SO_4 样品约 0.4g（或其他可溶性硫酸盐，含硫量约 90mg），置于 500ml 烧杯中，加 25ml 蒸馏水使其溶解，稀释至 200ml。

2. 沉淀的制备　在上述溶液中加入稀 HCl 溶液 1ml，盖上表面皿，置于电炉石棉网上，加热至近沸，但勿使溶液沸腾。另取加热至近沸的 $BaCl_2$ 溶液 $30 \sim 35$ml 于小烧杯中，用滴管将热 $BaCl_2$ 溶液逐滴加入到样品溶液中，不断搅拌。当 $BaCl_2$ 溶液即将加完时，静置，于 $BaSO_4$ 上清液中加入 $1 \sim 2$ 滴 $BaCl_2$ 溶液，观察是否有白色浑浊出现，用以检验沉淀是否完全。盖上表面皿，置于电炉（或水浴）上，继续搅拌加热，陈化约 0.5 小时，静置，冷却至室温。

3. 沉淀的过滤和洗涤 以倾泻法将上清液倒入漏斗中的致密滤纸上,用一洁净烧杯收集滤液,检查有无沉淀穿滤现象(若有,应更换滤纸)。用少量热蒸馏水洗涤杯内沉淀 3~4 次,每次加入热水 10~15ml,然后将沉淀小心地全部转移至滤纸上,并用一小片滤纸擦净杯壁,将滤纸片放在漏斗内的滤纸上,再用少量蒸馏水洗涤滤纸上的沉淀(约 10 次),至滤液无 Cl⁻为止,用 AgNO₃ 溶液检查洗涤是否完全)。

4. 沉淀的干燥和灼烧 取下滤纸,将沉淀包好,置于已恒重的坩埚中,先用小火烘干炭化,再用大火灼烧至滤纸灰化,然后于电炉上在 800~850℃下灼烧 30 分钟,稍冷,置于干燥器中,冷却 30 分钟后称重。再重复灼烧 10 分钟,冷却至室温,称量,直至恒重。

5. 换算因数 $F_{Na2SO4/BaSO4} = 142.04/233.39 = 0.6086$,按下式计算 Na_2SO_4 的百分含量:

计算公式:
$$w_{Na_2SO_4}\% = \frac{m_{BaSO_4} \times 0.6086}{m_S} \times 100$$

【注意事项】

1. 不能用 HNO₃ 酸化溶液,因为 Ba(NO₃)₂ 的吸附比 BaCl₂ 严重得多,因此常以 0.05mol/L HCl 溶液的酸度为宜。

2. BaSO₄ 沉淀受温度影响较小,可用热水洗涤。

3. BaSO₄ 沉淀的灼烧温度应控制在 800~850℃,否则 BaSO₄ 将与滤纸中的碳作用而被还原:
$$BaSO_4 + 4C \rightleftharpoons BaS + 4CO\uparrow$$
$$BaSO_4 + 2C \rightleftharpoons BaS + 2CO_2\uparrow$$

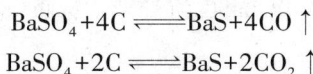

4. 检查滤液中 Cl⁻ 时,用表面皿收集 10~15 滴滤液,加 1 滴稀 HNO₃、2 滴 AgNO₃ 溶液,观察是否出现浑浊,如果出现浑浊则需继续洗涤。

【思考题】

1. 什么叫陈化?为什么要进行陈化?
2. 实验中在哪个步骤后检查沉淀是否完全?又在哪个步骤后检查洗涤是否完全?如何检查?
3. 什么是共沉淀?引起共沉淀的因素有哪些?如何避免?
4. 什么叫恒重?重量法中灼烧至恒重有何意义?
5. 为什么用定量(无灰)滤纸过滤?可否用其他滤纸替代?
6. 结合实验说明形成晶型沉淀的条件有哪些?

(陈 璇)

实验二十六 氯化钡中结晶水含量的测定

【实验目的和要求】
1. 掌握间接重量法(干燥失重法)测定水分的方法原理。
2. 巩固分析天平的正确使用方法。
3. 了解干燥器、烘箱的使用方法。

【实验原理】
干燥失重法常用于固体试样中水分、结晶水或其他易挥发组分的含量测定。将试样放入恒温电热干燥箱中进行常压加热,提高试样内部水的蒸汽压,则试样中的水分向外扩散,达到干燥脱水的目的。存在于物质中的水分一般有引湿水、包埋水、吸入水和结晶水。吸湿水是物质从空气中吸收的水，其含量随空气中的湿度而改变，一般在不太高的温度下即可除去。包埋水是在物质内部空穴中的水，这部分水与大气不通，不易除去。吸入水是物质内表面的吸附水，一般在 70~100℃ 真空干燥除去。结晶水是水合物内部的水，它有固定的质量，可以在化学式中表示出来。例如：$Na_2CO_3 \cdot 10H_2O$、$CuSO_4 \cdot 5H_2O$、$BaCl_2 \cdot 2H_2O$ 等，均可测定其中结晶水的含量。在排除引湿水、包埋水和吸入水的情况下，$BaCl_2 \cdot 2H_2O$ 通常较稳定，于 105~110℃ 时可完全脱除结晶水：

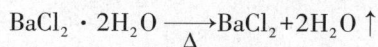

$$BaCl_2 \cdot 2H_2O \xrightarrow{\Delta} BaCl_2 + 2H_2O \uparrow$$

无水 $BaCl_2$ 在 800~900℃，甚至更高温度下，也不易挥发和分解，由此可在上述温度下加热 $BaCl_2 \cdot 2H_2O$ 到质量不再改变时为止，试样减轻的质量就是结晶水的质量。

【实验材料】

1. 仪器　分析天平、扁型称量瓶、恒温电热干燥箱、干燥器、研钵。

2. 试剂　$BaCl_2 \cdot 2H_2O$ 试样（分析纯）。

【实验步骤】

1. 取两只直径约 3cm 的扁型称量瓶，洗净，置于 105℃ 恒温电热干燥箱中开盖烘干 1 小时，取出后置于干燥器内冷却 30 分钟，在分析天平上称重。之后重复在干燥箱中于 105℃ 烘干 1 小时，冷却、精密称重，直至连续两次称量之差不超过 0.3mg，即达到恒重为止，记为 m_1g。

2. 取适量分析纯 $BaCl_2 \cdot 2H_2O$ 试样，在研钵中研成粉末，精密称取约 1.4~1.5g，平铺于上述干燥至恒重的称量瓶中，精密称重，记为 m_2g。

3. 将盛有 $BaCl_2 \cdot 2H_2O$ 试样的称量瓶开盖，将盖斜靠瓶口放在干燥箱中逐渐升温，于 105℃ 烘干 1 小时，取出后勿盖瓶盖，置于干燥器中冷却 30 分钟，准确称重。然后重复以上操作，直至恒重为止，记为 m_3g。由加热前称量瓶和样品的质量，减去加热后称量瓶和无水 $BaCl_2$ 的质量，即为失去结晶水的质量。结晶水的质量分数按下式计算。平行测定三次，以三次结果的平均值作为 $BaCl_2 \cdot 2H_2O$ 试样中结晶水的准确含量。

计算公式：
$$w_{结晶水}\% = \frac{m_2 - m_3}{m_2 - m_1} \times 100$$

【注意事项】

1. 温度不能高于 125℃，否则 $BaCl_2$ 可能有部分挥发。

2. 在加热的情况下，称量瓶盖子不要盖严，以免冷却后盖子不易打开，加热时间不能少于 1 小时。

3. 对于恒重称量，应在相同条件下进行重复操作。

4. 称取的 $BaCl_2 \cdot 2H_2O$ 试样在放入烘箱前应水平方向轻摇称量瓶，使堆积的样品平铺于瓶底而利于干燥，烘干时应将瓶盖斜放于瓶口。

5. 从烘箱中取物时小心烫伤，烘干物品不可直接用手接触。

6. 烘干物品在干燥器中放置至室温时方可称量，且每次放置时间应一致。

7. 称量烘干物品时，应称一个从干燥器中取一个，称量速度要快，不可一次全部取出（称量后是否放回干燥器中应视实验具体情况而定）。

【思考题】

1. $BaCl_2 \cdot 2H_2O$ 试样为什么要研碎？是否研得越细越好？

2. 什么叫恒重？为什么称量瓶在装样前要烘至恒重？

3. 加热干燥后的称量瓶和试样在称量前为什么需要放在干燥器中冷却？冷却不充分对称量结果有何影响？

（陈　璇）

第八章　电位分析法及永停滴定法实验

实验二十七　常用注射液 pH 值的测定

【实验目的和要求】

1. 掌握 pH 计的测定 pH 值的原理。

2. 熟悉 pH 计测定溶液 pH 的操作。

3. 了解用 pH 标准缓冲溶液定位的意义和温度补偿装置的作用。

【实验原理】

直接电位法测定溶液 pH，常用 pH 玻璃电极作为指示电极（接酸度计的负极），饱和甘汞电极作为参比电极（接酸度计的正极），与待测溶液组成以下原电池：

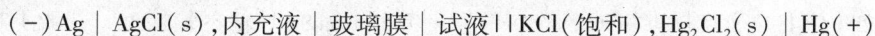

$$(-)Ag \mid AgCl(s), 内充液 \mid 玻璃膜 \mid 试液 \parallel KCl(饱和), Hg_2Cl_2(s) \mid Hg(+)$$

此原电池的电动势为：$E = \varphi_甘 - \varphi_玻 = \varphi_甘 - \left(K - \dfrac{2.303RT}{F}pH\right) = K' + \dfrac{2.303RT}{F}pH$

从上式可知，在一定条件下，原电池的电动势 E 与溶液 pH 呈线性关系，通过测量 E，就可求出溶液的 pH。但式中 K' 受电极不同、溶液组成不同和电极使用时间长短等诸多因素的影响，不能准确测定或计算得到，所以在实际工作中，常采用"两次测量法"进行测定。在测量之前，需要对仪器进行校正。为适应不同温度下的测量，在用标准缓冲溶液定位前要进行温度补偿（将温度补偿旋钮调至溶液的温度处）。

【实验材料】

1. 仪器　酸度计、复合电极（或玻璃电极与饱和甘汞电极）、烧杯、温度计等。

2. 试剂　标准缓冲溶液、葡萄糖注射液、氯化钠注射液、葡萄糖氯化钠注射液和灭菌注射用水等。

【实验步骤】

1. 安装电极　拔下仪器背后的保护端子，安上复合电极（或玻璃电极与饱和甘汞电极）。

2. 预热　打开仪器电源，预热 30 分钟左右。

3. 校正仪器

（1）测出标准缓冲溶液温度，调节仪器的温度补偿旋钮至该温度。

（2）用 pH 试纸初测样品试液的 pH 值。

（3）定位　将复合电极浸入 25℃时 pH 值为 6.86 的磷酸盐标准缓冲溶液中，用"定位"旋钮调至仪器示值为当前温度下标准缓冲溶液的 pH 值。

（4）斜率校正　将复合电极浸入另一种已知 pH 的标准缓冲溶液（若待测液为酸性，则选用温度为 25℃时 pH 值为 4.00 的邻苯二甲酸氢钾标准缓冲溶液；若为碱性则选温度为 25℃时 pH 值为的 9.18 硼砂标准缓冲溶液）中，旋转斜率校正旋钮至仪器示值为当前温度下标准缓冲溶液的 pH 值。

3. 待测试液 pH 值的测定

（1）测出各待测注射液温度，调节温度补偿按钮到待测液温度。

（2）将电极的玻璃球膜完全浸入到该待测注射液中，待显示屏读数稳定后，记录测定的 pH 值数据。

4. 数据记录

项目	I	II	III	平均值	pH 规定值（2015 年版药典）
葡萄糖注射液					3.2~6.5
氯化钠注射液					4.5~7.0
葡萄糖氯化钠注射液					3.5~5.5
灭菌注射用水					5.0~7.0

【注意事项】

1. 每次更换标准缓冲液或供试液前，应用水充分洗涤酸度计的电极，然后将水吸尽，也可用所换的标准缓冲液或供试液洗涤。

2. 复合电极下端是易碎玻璃球膜，使用和存放时，应安上电极套，防止与其他物品相碰。

3. 定位（校准）所选标准缓冲液的 pH 值应与待测液的 pH 值尽量接近，一般不超过 3 个 pH 值单位，以消除液接电位的影响；定位（校准）后不能再旋转定位（校准）按钮。

4. 测量电极使用前后都要清洗干净，放回盛有饱和 KCl 的溶液里。

【思考题】

1. 某口服液的 pH 值约为 3，用 pH 计准确测量其 pH 值时，应选何种标准缓冲溶液进行"定位"及"斜率"操作？为什么？

2. pH 计能否测定有色或混浊液的 pH 值？

3. pH 计上的"温度"和"斜率"旋钮各起什么作用？

（张梦军）

实验二十八　磷酸的电位滴定

【实验目的和要求】

1. 掌握电位滴定法的基本操作、确定终点的方法及酸度计的使用方法。

2. 掌握测定磷酸电位滴定曲线的绘制方法。

3. 了解用电位滴定法测定 H_3PO_4 的 pKa_1 及 pKa_2 的方法。

【实验原理】

电位滴定法是根据滴定过程中计量点附近电池电动势或指示电极电位（或 pH 值）产生突跃，从而确定终点的一种分析方法。进行磷酸电位滴定的装置如下图，以玻璃电极为指示电极（负极）、饱和甘汞电极为参比电极（正极），连接在 pH 计上，将两电极（或复合电极）置入磷酸试液中组成原电池（图 8-1），用 pH 计测定滴定过程中溶液的 pH 值。

以滴定中消耗的 NaOH 标准溶液的体积 V（ml）为横坐标，相应的溶液 pH 值为纵坐标绘制磷酸的 pH-V 滴定曲线。在曲线上有两个滴定突跃，第一滴定突跃 pH 为 4.0~5.0，第二滴定突跃 pH 范围为 9.0~10.0。化学计量点可用作图法求得，电位法绘制的 pH-V 滴定曲线不仅可以确定化学计量点，求算磷酸试样的浓度，而且还可以求算出 H_3PO_4 的离解平衡常数 K_{a_1} 及 K_{a_2}。为测得更准确的化学计量点，还可用 $\Delta pH/\Delta V - \bar{V}$ 曲线法及二阶微商内插法进行。

图 8-1 电位滴定装置图

K_{a_1} 及 K_{a_2} 的求算方法为：磷酸是三元酸，用 NaOH 标准溶液滴定时，有两个滴定突跃，滴定反应如下：

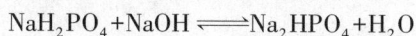

$$H_3PO_4 + NaOH \rightleftharpoons NaH_2PO_4 + H_2O$$

$$NaH_2PO_4 + NaOH \rightleftharpoons Na_2HPO_4 + H_2O$$

当用 NaOH 标准溶液滴定至生成的 NaH_2PO_4 浓度和剩余 H_3PO_4 浓度相等时，即第一半中和点时，溶液中的氢离子浓度就等于离解平衡常数 K_{a_1}：

$$K_{a_1} = \frac{[H^+][H_2PO_4^-]}{[H_3PO_4]}$$

第一半中和点时，$[H_3PO_4] = [H_2PO_4^-]$，所以 $K_{a_1} = [H^+]$ 即 $pK_{a_1} = pH$，同理，第二半中和点对应的 pH 值为 pK_{a_2}。在 pH-V 滴定曲线（图 8-2）上容易求得 K_{a_1} 及 K_{a_2}。

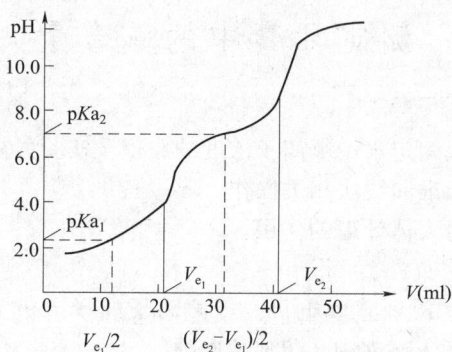

图 8-2 磷酸电位滴定曲线

【实验材料】

1. 仪器 酸度计、玻璃电极、饱和甘汞电极或复合 pH 电极、电磁搅拌器、碱式滴定管、烧杯、移液管。

2. 试剂 NaOH 标准溶液（0.20mol/L）、邻苯二甲酸氢钾标准缓冲溶液、磷酸试样溶液（0.20mol/L）。

【实验步骤】

1. 预热仪器，按照仪器使用说明安装电极，调节零点。用邻苯二甲酸氢钾标准缓冲溶液（0.05mol/L）较准 pH 计，洗净电极。

2. 精密量取磷酸样品溶液 10ml，置入 100ml 烧杯中，加蒸馏水 10ml，加入搅拌棒，插入玻璃电极和甘汞电极或复合电极，开启电磁搅拌器，在溶液不断搅拌下，用 NaOH 标准溶液（0.2mol/L）滴定。开始每加 2ml，记录 pH 值。在接近化学计量点（加入 NaOH 标准溶液引起溶液的 pH 变化逐渐增大），每次加入标准溶液的体积逐渐减小，在化学计量点前后时，每加

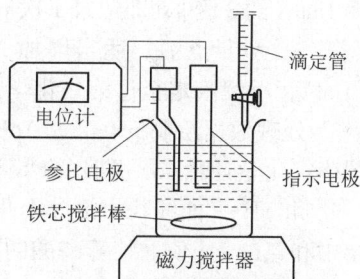

入 0.1ml（约 2 滴），即记录 1 次 pH 值。每次加入的体积最好相等，这样在数据处理时较为方便。第一个计量点后，适当增加 NaOH 的体积，在接近第二个计量点时再等体积加入 NaOH（0.1ml），继续滴定至过第二化学计量点后停止（pH 约为 11.5）。

3. 处理数据绘制 pH-V、$\Delta pH/\Delta V$-$\bar{V}$ 和 $\Delta^2 pH/(\Delta V)^2$-V 曲线，按 pH-V、$\Delta pH/\Delta V$-$\bar{V}$ 法作图确定化学计量点，并计算磷酸溶液的准确浓度。

4. 由 pH-V 曲线找出第一个化学计量点前半中和点的 pH 值，以及第一和第二化学计量点间半中和点的 pH 值，计算磷酸的 K_{a_1} 及 K_{a_2}。

【注意事项】

1. 电极在溶液的深度应合适，搅拌磁子不能碰撞电极。

2. 注意观察化学计量点的到达，在计量点前后应等量小体积加入 NaOH 标准溶液。

【思考题】

1. 用 NaOH 标准溶液滴定磷酸溶液，在 pH-V 曲线上，为什么有两个滴定突跃？

2. 通过实验的数据处理，说明为什么在化学计量点前后应等量的滴入小体积的 NaOH 标准溶液为好？

（张梦军）

实验二十九　用氟离子选择电极直接电位法测定牙膏中的氟含量

【实验目的和要求】

1. 掌握离子选择电极法测定水中氟离子浓度的原理及实验方法。

2. 熟悉直接电位法中标准曲线法相关操作。

3. 了解牙膏中适量氟对人体牙齿的作用。

【实验原理】

氟电极以 LaF_3 单晶膜为 F^- 敏感膜电极。以氟离子选择电极为指示电极，饱和甘汞电极（SCE）为参比电极，一起插入试液中，组成原电池：

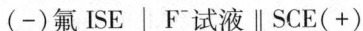

$$(-)氟\ ISE\ |\ F^-试液\ \|\ SCE(+)$$

此电动势 E 与溶液中的氟离子活度 α_{F^-} 呈 Nernst 响应，即：

$$E = K' + \frac{2.303RT}{F}\lg\alpha_{F^-}$$

$$E = K' + 0.059\lg\alpha_{F^-}(25℃)$$

实际工作中，通常向标准溶液和待测溶液中加入总离子强度调节缓冲剂（TISAB），使测定体系的离子强度相一致，达到离子的活度系数基本相同，此时，离子的活度可用浓度代替，即：

$$E = K' + 0.059\lg c_{F^-}$$

电池电动势与离子浓度的对数成线性关系。测定氟离子所用的总离子强度调节缓冲剂，除了有消除活度系数影响的作用外，还可维持溶液的酸度恒定，防止 OH^- 及 Al^{3+}、Fe^{3+} 等离子的干扰。

【实验材料】

1. **仪器**　酸度计（或离子计）、氟离子选择电极、饱和甘汞电极、电磁搅拌器和磁芯搅拌子、塑料小烧杯、10ml 吸量管、100ml 容量瓶 8 只、烧杯、量筒等。

2. 试剂

（1）氟标准贮备液（$1.000×10^{-1}$mol/L） 称取 NaF（120℃烘 1 小时）0.4200g 溶于水中，转移至 100ml 容量瓶，用水定容至刻度，摇匀，贮于聚乙烯瓶保存。

（2）TISAB 取 57ml 冰醋酸，58g NaCl，12g 枸橼酸钠，加入到盛有 1000ml 水的大烧杯中，搅拌溶解，慢慢加入 6mol/L NaOH 溶液（约 125ml）调节 pH 值为 5.0~5.5（5.25 左右），冷至室温后，加水至 1L。

以上试剂，均为 A. R. 级，所用水均为去离子水。

【实验步骤】

1. 仪器调试及氟电极检查 按仪器使用说明书调好仪器的指示刻度，连接氟电极和饱和甘汞电极，将两电极浸入去离子水中，在电磁搅拌下不断清洗电极，需多次更换去离子水，直至水中空白电位值符合电极出厂空白值指标。数值低于出厂空白值指标的氟电极，不能使用。

2. 标准溶液系列的配制 准确吸取 10.00ml 0.1000mol/L NaF 标准贮备溶液和 10.00ml 的 TISAB 液于 100ml 容量瓶中，加去离子水定容至刻度，摇匀，该溶液浓度为 $1.00×10^{-2}$mol/L。用逐级稀释法配制成浓度为 $1.00×10^{-3}$ mol/L、$1.00×10^{-4}$ mol/L、$1.00×10^{-5}$ mol/L、$1.00×10^{-6}$mol/L、$1.00×10^{-7}$mol/L、$1.00×10^{-8}$mol/L 的一系列标准溶液各 100ml，注意逐级稀释时需分别加入 9.0ml 的 TISAB（即从前一个溶液中吸取 10.00ml，加 9.0ml 的 TISAB 于 100ml 量瓶中，加去离子水至刻度，摇匀）。测定时分别倒入 7 个小烧杯中（注意：小烧杯要润洗或使用干燥的烧杯）。

3. 标准曲线的绘制 由低浓度到高浓度依次测定 $1.00×10^{-8}$ ~ $1.00×10^{-2}$mol/L NaF 标准溶液的电动势 E（mV）值，在对数坐标纸上作 E – $\lg c_F$ 标准曲线或用 EXCEL 表格绘出 E-$\lg c_F$ 曲线，并求出其回归方程。

4. 牙膏中氟含量的测定 准确称取约 1g 的牙膏样品于小烧杯中，称量时可用玻璃棒取样，取样前后玻璃棒与烧杯都一起称重。用 10ml TISAB 溶液和去离子水分次将牙膏样品稀释后转移至 100ml 容量瓶中，用水定容至刻度（可能会有少量气泡）。定容后不盖塞子，超声震荡几分钟。按操作步骤用已清洗至空白值的电极测量电位，读数。

5. 实验结束 电极用水清洗至测得的电位值为出厂空白值（复原），洗净实验器具摆放整齐，关闭 pH 计和磁力搅拌器，搅拌磁子回收，实验台收拾干净。擦干参比电极，帽子盖上。

6. 实验结果计算 用描点法将测定的数据绘制在坐标纸上，通过观察分段拟合成线性方程：①线性范围为 10^{-2} ~ 10^{-n}时的线性方程为 $Y=b+ax$，记录相关系 r_1；②线性范围为 10^{-n} ~ 10^{-8}时的线性方程为 $Y=b+ax$，记录相关系数 r_2（方程中，x：$\lg c_F$；Y：电动势 E）。根据实验测定样品的电动势，选择适当线性范围，计算 c_F，并求出氟在牙膏中的质量百分含量。

【注意事项】

1. 测量时应由稀溶液至浓溶液进行。

2. 测量溶液的电位时，将电极在溶液中放置 5 分钟左右，使其适应缓冲溶液体系。

3. 绘制标准曲线时测定一系列标准溶液后，应将电极清洗至原空白电位值，然后再测定未知试液的电位值。

4. 测定过程中搅拌的速度应该恒定，电极不要碰到搅拌子，不要有气泡，避免放在漩涡中心。

5. 电极的平衡时间随氟离子浓度降低而延长。测定时，如果电位在 1 分钟变化不超过 1mV 时，即可读取平衡电位值。

【思考题】

1. 简述 TISAB 组成及各成分的作用？

2. 氟离子选择电极在使用时应注意哪些问题？

3. 电位测量时为什么要由稀溶液至浓溶液？

（张梦军）

实验三十　永停滴定法标定碘溶液

【实验目的和要求】

1. 掌握永停滴定法的原理、操作、终点的确定。

2. 熟悉永停滴定法标定 I_2 标准溶液的浓度。

3. 了解安装永停滴定装置，正确连接线路。

【实验原理】

永停滴定法是将两只完全相同的铂电极插入待测试液中，在两电极间外加一小电压（10~200mV），根据可逆电对有电流产生，不可逆电对无电流产生的原理，通过观察滴定过程中电流变化情况确定滴定终点的方法。此法装置简单、操作简便、结果准确。

实验用 $Na_2S_2O_3$ 标准溶液标定 I_2 溶液，以永停法确定滴定终点。标定的化学反应过程与现象为：化学计量点前，$I_2 + 2S_2O_6^{2-} \rightleftharpoons S_4O_6^{2-} + 2I^-$，因为溶液中存在 I_2/I^- 可逆电对，因此有电解电流通过两电极，随着滴定的进行，溶液中 I_2 浓度越来越低，电流也逐渐变小。化学计量点时，电流降至最低点。化学计量点后，由于溶液中仅有 $S_4O_6^{2-}/S_2O_3^{2-}$ 不可逆电对及 I^- 存在，无电解反应发生，电流不再变化。因此 $Na_2S_2O_3$ 标准溶液标定 I_2 液是以电流计突然下降为零并保持不再变动为滴定终点。

【实验材料】

1. 仪器　永停滴定仪、铂电极（两只）、灵敏检流器、电磁搅拌器、电位计（或 pH 计）、1.5V 电池、5000Ω 电阻、电阻箱（或 5000Ω 可变电阻）、酸式滴定管（10ml）。

2. 试剂　$Na_2S_2O_3$ 标准溶液（0.01mol/L）、I_2 溶液（0.005mol/L）、KI（A.R.）。

【实验步骤】

实验方法一（自制永停滴定仪）

1. 永停滴定装置的安装　按永停滴定装置图所示部件进行链接，E、E′为铂电极，G 为灵敏检流计，B 为 1.5V 电池，R_1 为 5000Ω 电阻，R_2 为电阻箱。调节 R_2 可得所需外加电压。本实验外加电压约为 10~30mV，R_2 电阻值为 50~150Ω。

2. I_2 溶液的标定　精密吸取 5.00ml 待标定 I_2 溶液，置于 150ml 烧杯中再加 0.1g KI 和 55ml 水。插入两个相同的铂电极，在电磁搅拌下，用 $Na_2S_2O_3$ 标准溶液（0.01mol/L）滴定，每加 0.5ml 记录一次电流读数 I，当 I_2 液变为浅黄色时，表示已接近化学计量点，应小心滴定，每加 0.2ml 或 0.1ml，记录一次电流值，直至电流读数不再变化为止。

3. 绘制 $I-V$ 滴定曲线　从曲线上找出 V_{ep}，记录滴至化学计量点时消耗的 $Na_2S_2O_3$ 标准溶

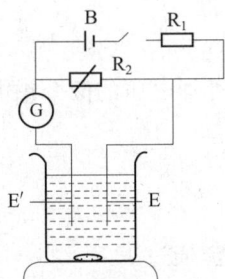
永停滴定装置图

液体积，求出 I_2 标准溶液浓度。

实验方法二（自动永停滴定仪）：

1. 接通电源，仪器预热 30 分钟，将极化电压调至 50mV，灵敏度为 10^{-9}，门限值为 60。

2. 在酸式滴定管中加入待标定 I_2 溶液，安装在自动永停滴定仪上，将电磁阀两头的胶管分别套入滴定管和滴管的接头上。

3. 按"快滴"键，调节电磁阀螺丝，使样液流下，赶走气泡。

4. 按"慢滴"键，调节电磁阀螺丝使滴定管每滴滴量为 0.02ml 左右。

5. 重新加满滴定管中标液，按"慢滴"键，使滴定管中标液刻度调到零刻度。

6. 精密吸取 10ml 0.01mol/L $Na_2S_2O_3$ 溶液，置于 100ml 烧杯中，用水稀释到 60ml，加入磁搅拌子，将烧杯置磁力搅拌器上，打开搅拌器开关，调整搅拌速度，并将待测液混匀。

7. 按"滴定开始"按钮，仪器开始自动滴定。当仪器指针超过门限值 1'30" 仍不返回门限值以下时为滴定终点。此时报警器报警，"终点"指示灯亮。

8. 按"复零"键，记录滴定管上的刻度读数，将滴定管及电极冲洗干净。

【注意事项】

1. 自装的永停滴定装置，实验前应仔细检查线路连接是否正确，接触是否良好，检流计灵敏度是否合适。

2. 实验前，可用电位计（或 pH 计）测量外加电压，本实验外加电压为 10~30mV，一经调好，实验过程中不可再变动。

3. 铂电极在使用前需进行活化处理，方法是将铂电极插入含少量 $FeCl_3$ 的浓 HNO_3 中（1滴 $FeCl_3$ 试液：10ml 浓 HNO_3），浸泡半小时以上，注意铂电极不应触及器皿底部，以免弯折损坏。

4. 实验结束时，要将检流计电源及永停滴定装置的电键断开，检流计置短路。

【思考题】

1. 按本实验条件，若需 25mV 外加电压，则可变电阻 R_2 应为多少欧姆？

2. 实验中，你将如何判断滴定终点？

3. I_2 溶液在标定时为什么烧杯中要加 0.1g KI？

（张梦军）

实验三十一　对氨基苯磺酸的重氮化滴定
（永停滴定法）

【实验目的和要求】

1. 掌握永停滴定法的基本操作。

2. 熟悉重氮化滴定中永停滴定法的原理。

3. 了解永停滴定仪的基本构造和工作原理。

【实验原理】

对氨基苯磺酸是具有芳伯氨基的药物，它在酸性溶液中可与亚硝酸钠定量完成重氮化反

应而生成重氮盐, 反应如下:

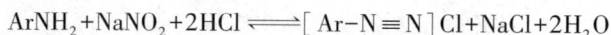

$$ArNH_2+NaNO_2+2HCl \rightleftharpoons [Ar-N\equiv N]Cl+NaCl+2H_2O$$

等当点后, 溶液中稍过量的亚硝酸及其分解产物 NO 在有数十毫伏外加电压的两个铂电极上有如下电极反应:

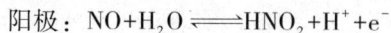

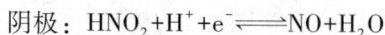

阳极: $NO+H_2O \rightleftharpoons HNO_2+H^++e^-$

阴极: $HNO_2+H^++e^- \rightleftharpoons NO+H_2O$

因此在等当点时, 滴定电池中由原来无电流通过而变为有一定的电流通过。

【实验材料】

1. 仪器　永停滴定仪、电磁搅拌器、铂电极两个 (每次用新鲜配制的含少量 $FeCl_3$ 的硝酸煮沸浸泡 30 分钟)、滴定管 (用细长塑料管接长滴定管尖)。

2. 试剂　0.1mol/L $NaNO_2$ 标准溶液、对氨基苯磺酸样品、盐酸 (1:2)。

【实验步骤】

1. 开电源将极化电压调至 50mV, 灵敏度为 10^{-9}, 门限值为 60。在滴定管中加入 0.1mol/L $NaNO_2$ 溶液, 装在滴定仪上, 将电磁阀门盖打开, 排气泡, 调节滴定速度为 0.02ml/次, 为线状并按慢滴开关调滴定管。

2. 精密称取对氨基苯磺酸 0.25 ~ 0.3g 四份于 100ml 烧杯中, 加蒸馏水 25ml, 浓氨水 3ml 溶解后, 再加盐酸 (1:2) 20ml, 打开电磁搅拌, 将电极插入待测液中, 将滴定管的尖端深入液面下约 2/3 处, 由手动转为自动快滴开关, 用 0.1mol/L $NaNO_2$ 溶液滴定, 至近终点时, 将滴定管的尖端提出液面, 用少量蒸馏水洗涤尖端, 洗液并入溶液中, 继续缓缓滴定, 直至检流计发生明显的偏转, 不再回复, 待红灯亮即达终点。记录所用 0.1mol/L $NaNO_2$ 溶液的体积, 按下式计算对氨基苯磺酸的百分含量。

$$对氨基苯磺酸\% = \frac{c_{NaNO_2} \times V_{NaNO_2} \times M_{对氨基苯磺酸}}{m_{样品} \times 1000} \times 100\% \ (M_{对氨基苯磺酸} = 173.20g/mol)$$

3. 用少量蒸馏水洗涤尖端和电极, 调节滴定管刻度, 重复上述实验。

【注意事项】

1. 将滴定管尖端插入液面 2/3 处进行滴定, 是一种快速滴定法。

2. 重氮化温度应在 15 ~ 30℃, 以防重氮盐分解和亚硝酸逸出。

3. 重氮化反应须以盐酸为介质, 因在盐酸中反应速度快, 且芳伯胺的盐酸盐溶解度大。在酸度为 1 ~ 2mol/L 下滴定为宜。

4. 近终点时, 芳伯胺浓度较稀, 反应速度减慢, 应缓缓滴定, 并不断搅拌。

5. 永停仪铂电极易钝化, 应常用浓硝酸 (加 1 ~ 2 滴三氯化铁试液) 温热活化。

【思考题】

1. 通过实验, 试说明永停滴定法的优缺点。

2. 滴定中如用过高的外加压会出现什么现象?

(张梦军)

第九章　光学分析法实验

实验三十二　工作曲线法测定 $KMnO_4$ 的含量

【实验目的和要求】

1. 掌握工作曲线法测定 $KMnO_4$ 含量的原理和计算。
2. 熟悉紫外-可见分光光度计的构造和使用方法。
3. 了解工作曲线的绘制及分析过程。

【实验原理】

根据 Lambert-Beer 定律，当平行单色光通过均一稀溶液时，吸光度（A）与吸光物质的浓度 c 和厚度 l 成正比，即：$A = Ecl$。当测定物质、测定波长、比色皿厚度、溶剂、仪器等条件固定不变时，吸光度与浓度成简单的正比关系：$A = Kc$。

工作曲线法的具体做法是：先配制一个浓度较大的标准溶液，再分别取不同体积稀释成一系列浓度不同的标准溶液（或称对照品溶液），在测定条件相同的情况下，分别测定其吸光度。然后以浓度为横坐标，以相应的吸光度为纵坐标，绘制 A-c 工作曲线（在电脑上进行线性拟合），得到线性回归方程。在相同测定条件下测出待测溶液的吸光度，代入线性方程求出待测溶液的浓度 c，最后求出待测物质的相对含量。

【实验材料】

1. **仪器**　可见分光光度计、比色皿、容量瓶 50ml（×6 个）、移液管、洗耳球。
2. **试剂**　高锰酸钾标准品、高锰酸钾试样。

【实验步骤】

1. 标准溶液的制备　取干燥至恒重的高锰酸钾标准品，精密称取 0.6000g，用蒸馏水完全溶解后转移至 1000ml 容量瓶中，加蒸馏水至刻度摇匀，备用。

2. 工作曲线的绘制　精密移取高锰酸钾标准溶液 0.00ml、1.00ml、2.00ml、3.00ml、4.00ml、5.00ml 分别置于 6 个 50ml 容量瓶中，用蒸馏水稀释至刻度摇匀，即得每毫升溶液中含 $KMnO_4$ 0.000mg、0.012mg、0.024mg、0.036mg、0.048mg、0.060mg，以第一个容量瓶中蒸馏水为空白，在 525nm 处依次测定各溶液的吸光度（A）值，注意测定时浓度不要由低到高，装入溶液时要用装入的溶液润洗比色皿 2~3 次，以 A 值为纵坐标，浓度 c 为横坐标，绘制工作曲线。

3. 未知溶液中 $KMnO_4$ 含量测定　精密称取 $KMnO_4$ 样品约 0.6g，置于小烧杯内，加少量蒸馏水使之完全溶解后转入 1000ml 容量瓶中，加蒸馏水至刻度摇匀；精密移取上稀释液 3.00ml，置于 50ml 容量瓶中，用蒸馏水稀释至刻度摇匀，在 525nm 处测其吸光度，从工作曲线上找出或代入方程中求出未知溶液中 $KMnO_4$ 的浓度，继而计算出样品中 $KMnO_4$ 的含量。

4. 数据处理　假设将样品的吸光度代入线性方程后求得 $KMnO_4$ 的浓度为 $x\,mg/ml$。

则样品中 $KMnO_4$ 的含量为：

$$w_{KMnO_4}\% = \frac{x \times 50 \times 1000}{3.00 \times m_{样品}} \times 100\%$$

【注意事项】

1. 在配制标准系列溶液时一定要准确，这是本实验的关键。

2. 测定时，如果使用多个比色皿，则要求比色皿的透光率要一致，不一致时应逐个测定其吸光度，并作好记录，测定后从测定结果中扣除。

【思考题】

1. 工作曲线法适用何种情况？

2. 从本实验的结果看，能否用标准对照法？

（高先娟）

实验三十三　分光光度法测定芦丁颗粒剂中总黄酮的含量

【实验目的和要求】

1. 掌握可见分光光度计的使用。

2. 掌握标准曲线法测定药物成分的方法。

3. 学会用作图法及计算器回归法计算芦丁颗粒剂中总黄酮的含量。

【实验原理】

黄酮类化合物是广泛存在于植物界的一类天然产物，具有抗氧化及抗自由基作用，可用于心脑血管疾病、肿瘤、炎症等的治疗。芦丁为黄酮苷，其中黄酮类化合物主要指以 2-苯基色原酮为基核的化合物，主要有黄酮、黄酮醇、二氢黄酮、二氢黄酮醇、异黄酮、花色素、查尔酮等以及它们的衍生物。其主要结构式如图 9-1 所示。

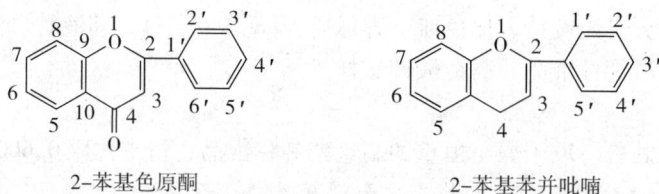

2-苯基色原酮　　　　　2-苯基苯并吡喃

图 9-1　黄酮类化合物分子结构式

黄酮母核中含有碱性氧原子，一般又多带酚羟基，能和铝离子产生黄色络合物，加入亚硝酸钠和氢氧化钠，溶液呈碱性时，其络合物呈红色，该溶液在 510nm 处有最大吸收，显色反应在 60 分钟内稳定。用芦丁作为对照品，用硝酸铝作为黄酮类比色测定的显色剂，吸光度与芦丁的浓度呈线形关系，采用分光光度法可对芦丁颗粒剂中总黄酮进行含量测定。

【实验材料】

1. **仪器**　紫外-可见分光光度计、容量瓶、移液管、吸量管。

2. **试剂**　5%亚硝酸钠溶液、10%硝酸铝溶液、1mol/L氢氧化钠溶液、30%乙醇溶液、芦丁对照品、芦丁颗粒剂。

【实验步骤】

1. 对照品溶液的制备 精密称取在 120℃ 减压干燥至恒重的芦丁对照品 100mg，置 100ml 容量瓶中，加甲醇 70ml，置水浴上微热或超声使溶解，放冷，加甲醇至刻度，摇匀。精密吸取 10ml 置 100ml 容量瓶中，加水至刻度，摇匀，即得（每 1ml 中含无水芦丁 0.1mg）。

2. 试样溶液的制备 将芦丁颗粒研细，精密称量约 2g，置 50ml 容量瓶中，加甲醇 20ml~30ml，摇匀，超声 30 秒，用甲醇稀释至刻度，制得芦丁试样溶液。

3. 标准曲线的制备 精密量取对照品溶液（0.1mg/ml）0.00ml、1.00ml、2.00ml、3.00ml、4.00ml、5.00ml，分别置于 10ml 容量瓶中，各加 30% 乙醇使成 5.00ml，各精密加入 5% 亚硝酸钠溶液 0.3ml，充分摇匀，放置 6 分钟。各精密加入 10% 硝酸铝溶液 0.30ml，充分摇匀，放置 6 分钟。各加 1mol/L 氢氧化钠溶液 4.00ml，用蒸馏水稀释至刻度，充分摇匀，放置 15 分钟，用分光光度计在 510nm 波长处测定吸光度。以吸光度为纵坐标，浓度为横坐标，绘制标准曲线。

4. 试样测定 精密量取芦丁试样溶液（0.1mg/ml）3.00ml 置于 10ml 容量瓶中，按标准曲线制备项下自"各加 30% 乙醇使成 5.00ml"，具体用量见下表，在 510nm 条件下测得 A。

编号	1	2	3	4	5	6	7
标准溶液（ml）	0	1.00	2.00	3.00	4.00	5.00	
样品溶液（ml）							3.00
30% 乙醇（ml）	5.00	4.00	3.00	2.00	1.00		2.00
NaNO₃（ml）	全部都加 0.30ml，摇匀后放置 6 分钟						
Al（NO₃）（ml）	全部都加 0.30ml，摇匀后放置 6 分钟						
NaOH（ml）	全部都加 4.00ml，摇匀后放置 15 分钟后在 510nm 条件下测定 A						
吸光度 A							

5. 数据处理

（1）根据测得的对照品的数据，绘制 A—c 标准曲线或计算回归方程。

（2）根据测得的试样的数据，从标准曲线上读出或由回归方程计算出试样溶液中芦丁颗粒剂中总黄酮的质量，其含量按下式计算：

$$芦丁颗粒剂中总黄酮的含量（\%）= \frac{标准曲线上读出的质量（mg）\times 50ml}{取样量（ml）\times m_{样品}}$$

【注意事项】

1. 加入各种试剂的顺序应按操作方法进行。

2. 本显色反应为配位反应，反应速度较慢，故每加入一种试剂后应充分振摇，以利于反应完全。

3. 实验过程中应使用同一比色皿（吸收池），以减小由于光程的不一致所带来的测定误差。

4. 测定标准系列各溶液的吸光度时，一定要遵循先稀后浓的原则，尽可能的消除测定误差。

【思考题】

1. 相同厚度的各比色皿透光性不一致时，为什么要经过多次洗涤后各比色皿透光率差异无改变的情况下才使用校正值？

2. 工作曲线法和标准对比法分析适用何种情况？从本实验的结果看，能否用标准对比法？

（高先娟）

实验三十四　邻二氮菲分光光度法测定铁的含量

【实验目的和要求】

1. 掌握邻二氮菲分光光度法测定微量铁的方法、原理和分光光度计的使用方法。
2. 熟悉吸收曲线及标准曲线的绘制和数据处理的基本方法。
3. 了解确定实验条件的方法。

【实验原理】

根据朗伯-比耳定律：$A = \varepsilon lc$，当入射光波长 λ 及光程 l 一定时，在一定浓度范围内，有色物质的吸光度 A 与该物质的浓度 c 成正比。只要绘出以吸光度 A 为纵坐标，浓度 c 为横坐标的标准曲线，测出试液的吸光度，就可以由标准曲线查得对应的浓度值，即未知样的含量。同时，还可应用相关的回归分析软件，将数据输入计算机，得到相应的回归方程及分析结果。

用分光光度法测定试样中的微量铁，可选用显色剂邻二氮菲（又称邻菲罗啉），邻二氮菲分光光度法是化工产品中测定微量铁的常用方法，在 pH 值为 2.00～9.00 的溶液中，邻二氮菲和二价铁离子结合生成红色配合物：

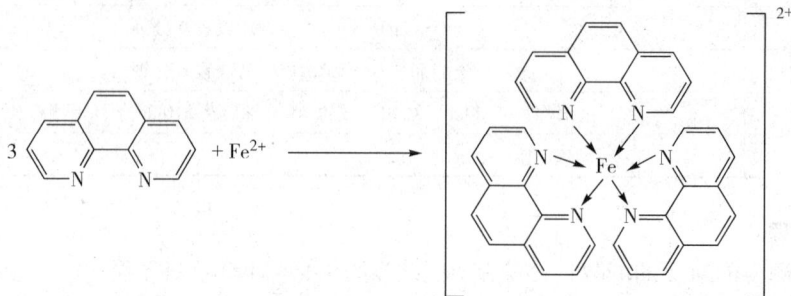

此配合物的 $\lg K_{稳} = 21.3$，摩尔吸光系数 $\varepsilon_{510} = 1.1 \times 10^{4} L/(mol \cdot cm)$，而 Fe^{3+} 能与邻二氮菲生成 3：1 配合物，呈淡蓝色，$\lg K_{稳} = 14.1$。所以在加入显色剂之前，应用盐酸羟胺（$NH_2OH \cdot HCl$）将 Fe^{3+} 还原为 Fe^{2+}，其反应式如下：

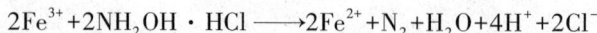

$$2Fe^{3+} + 2NH_2OH \cdot HCl \longrightarrow 2Fe^{2+} + N_2 + H_2O + 4H^+ + 2Cl^-$$

测定时酸度高，反应进行较慢；酸度太低，则离子易水解。本实验采用 HAc-NaAc 缓冲溶液控制溶液 pH≈5.00，使显色反应进行完全。

为测定待测溶液中铁元素含量，需首先绘制标准曲线，根据标准曲线中不同浓度 Fe^{2+} 引起的吸光度的变化，对应实测样品引起的吸光度，计算样品中 Fe^{2+} 浓度。

本方法的选择性很高，相当于含铁量 40 倍的 Sn^{2+}、Al^{3+}、Ca^{2+}、Mg^{2+}、Zn^{2+}、SiO_3^{2-}；20 倍的 Cr^{3+}、Mn^{2+}、VO_3^-、PO_4^{3-}；5 倍的 Co^{2+}、Ni^{2+}、Cu^{2+} 等离子不干扰测定。但 Bi^{3+}、Cd^{2+}、Hg^{2+}、Zn^{2+}、Ag^+ 等离子与邻二氮菲作用生成沉淀而干扰测定。

【实验材料】

1. 仪器　可见分光光度计、酸度计、容量瓶（50ml、100ml、500ml、1000ml）、吸量管（2ml、5ml、10ml）、比色皿、洗耳球。

2. 试剂 硫酸铁铵（A. R.）、HCl 溶液（6mol/L）、盐酸羟胺（10%，新鲜配制）、邻二氮菲（0.15%（W/V），新鲜配制）、HAc-NaAc 缓冲溶液（pH≈5.00）、100μg/ml 铁标准溶液。

附：

（1）HAc-NaAc 缓冲溶液（pH≈5.00）：称取 136g 醋酸钠，加水使之溶解，在其中加入 120ml 冰醋酸，加水稀释至 500ml；

（2）100μg/ml 铁标准溶液：准确称取 0.8634g 铁盐 $NH_4Fe(SO_4)_2 \cdot 12H_2O$ 置于烧杯中，加入 20ml 6mol/L HCl 溶液和少量蒸馏水，溶解后，定量转移至 1000ml 容量瓶中，加蒸馏水稀释至刻度，充分摇匀，得 100μg/ml 储备液。

【实验步骤】

1. 10μg/ml 铁标准溶液配制 用移液管吸取上述 100μg/ml 铁标准溶液 10.00ml，置于 100ml 容量瓶中，加入 2.00ml 6mol/L HCl 溶液，加蒸馏水稀释至刻度，充分摇匀。

2. 邻二氮菲-Fe^{2+} 吸收曲线的绘制 用吸量管吸取铁标准溶液（10μg/ml）6.00ml 放入 50ml 容量瓶中，加入 1ml 10%盐酸羟胺溶液，2ml 0.15%邻二氮菲溶液和 5ml HAc-NaAc 缓冲溶液，加蒸馏水稀释至刻度，充分摇匀。放置 10 分钟，选用 1cm 比色皿，以试剂空白（即在 0.00ml 铁标准溶液中加入相同试剂）为参比溶液，选择 450～550nm 波长，每隔 10nm 测一次吸光度，其中 500～520nm 之间，每隔 5nm 测定一次吸光度，其中在 505～515nm 之间，每隔 2nm 测定一次吸光度。以测得的吸光度 A 为纵坐标，以相应波长 λ 为横坐标，在坐标纸上绘制 $A\sim\lambda$ 曲线（吸收曲线）。从吸收曲线上选择测定 Fe 的适宜波长，一般选用最大吸收波长 λ_{max} 为测定波长。

数据记录如下：

λ（nm）	450	460	470	480	490	500	505	507
A								

λ（nm）	509	511	513	515	520	530	540	550
A								

3. 标准曲线（工作曲线）的绘制 用吸量管分别精密移取铁标准溶液（10μg/ml）0.00ml、1.00ml、2.00ml、3.00ml、4.00ml、5.00ml 于 6 个 50ml 容量瓶中，依次加入 1.00ml 10%盐酸羟胺溶液（稍摇动）、2.00ml 0.15%邻二氮菲溶液及 5.00ml HAc-NaAc 缓冲溶液，加水稀释至刻度，充分摇匀。放置 10 分钟，用 1cm 比色皿，以试剂空白（即在 0.00ml 铁标准溶液中加入相同试剂）为参比溶液，选择 λ_{max} 为测定波长，测量各溶液的吸光度。在坐标纸上（亦可利用计算机软件绘图），以含铁量为横坐标，吸光度 A 为纵坐标，绘制标准曲线。

试剂 \ 编号	1（空白）	2	3	4	5	6
铁标准溶液（ml）	0.00	1.00	2.00	3.00	4.00	5.00
邻菲咯啉标准溶液（ml）	2.00	2.00	2.00	2.00	2.00	2.00
2%盐酸羟胺（ml）	1.00	1.00	1.00	1.00	1.00	1.00
HAC-NaAc 缓冲溶液（ml）	5.00	5.00	5.00	5.00	5.00	5.00
吸光度 A						

4. 试样中铁含量的测定 从实验教师处领取含铁未知液一份，放入 50ml 容量瓶中，按以上方法显色，并测其吸光度。此步操作应与系列标准溶液显色、测定同时进行。

依据试液的 A 值，从标准曲线上即可查得其浓度，最后计算出原试液中含铁量（以 μg/ml 表示）。并选择相应的回归分析软件，将所得的各次测定结果输入计算机，得出相应的分析结果。

5. 数据处理要求

（1）绘制邻二氮菲-Fe^{2+}吸收曲线，确定最大吸收波长 λ_{max} =＿＿＿＿＿ nm；

（2）绘制标准曲线（求出回归方程）＿＿＿＿＿；r =＿＿＿＿＿；

（3）根据试样测定的数据，从标准曲线上查得或由曲线方程求得未知溶液中 $c_{Fe^{2+}}$ =＿＿＿＿＿ μg/ml 和铁含量为＿＿＿＿＿。

【注意事项】

1. 测定过程中，不要将参比溶液拿出试样室，应将其随时推入光路以检查吸光度零点是否变化。如不为"0.000"，应将测定模式置于"T"档，用 100% 键调至"100.0"，再将测定模式置于"A"。

2. 为了避免光电管长时间受光照射引起的疲劳现象，应尽可能减少光电管受光照射的时间，不测定时应打开暗室盖，特别应避免光电管受强光照射。

3. 使用前若发现仪器上所附硅胶管已变红应及时更换硅胶。

4. 比色皿盛取溶液时只需装至比色皿的 3/4 即可，不要过满，避免在测定的拉动过程中溅出，使仪器受湿、被腐蚀。

5. 若大幅度调整波长，应稍等一段时间再测定，让光电管有一定的适应时间。

6. 每台仪器所配套的比色皿，不能与其他仪器上的比色皿单个调换。

7. 仪器上各旋钮应细心操作，不要用劲拧，以免损坏机件。若发现仪器工作异常，应及时报告指导教师，不得自行处理。

【思考题】

1. 用本法测出的铁含量是否为试样中 Fe^{2+} 含量？

2. 邻二氮菲分光光度法测定铁时，为何要加入盐酸羟胺溶液？

3. 吸收曲线与标准曲线有何区别？在实际应用中有何意义？

4. 制作标准曲线和试样测定时，加入试剂的顺序能否任意改变？为什么？

（高先娟）

实验三十五 维生素 B$_{12}$ 注射液的定性分析和含量测定

【实验目的和要求】

1. 掌握紫外-可见分光光度计的定量和定性操作方法。

2. 熟悉用吸收系数法和对比法测定物质含量的原理和方法，会计算标示量的百分含量等。

3. 了解分光光度计的结构。

【实验原理】

维生素 B$_{12}$是含有 Co 的有机化合物，为深红结晶或结晶性粉末，其注射液为 1ml 含维生素 B$_{12}$100μg 及 500μg 两种规格，在 278nm±1nm，361nm±1nm，550nm±1nm 波长处有最大的吸收。

《中国药典》（2015 年版）规定，按照其注射液的含量测定方法，在最大吸收波处长测得的吸收度与 48.3 相乘，即得标示量的百分含量。亦可利用维生素 B$_{12}$ 在 550nm 波长处最大吸收，用紫外-可见分光光度计测定对照品及样品的吸光度，用对照法测量含量。

【实验材料】

1. 仪器 紫外-可见分光光度计、比色皿（吸收池）、容量瓶 50ml×6 个、移液管、洗耳球。

2. 试剂 维生素 B$_{12}$ 样品（标示量为 25.0μg/ml）、维生素 B$_{12}$ 对照品、维生素 B$_{12}$ 注射液。

【实验步骤】

1. 定性鉴别 精密量取维生素 B$_{12}$ 注射液适量，加水定量稀释成 1ml 含维生素 B$_{12}$25μg 的溶液，在 361nm±1nm 与 278nm±1nm 处测得的吸光度比值应为 1.70~1.88；在 361nm±1nm 与 550nm±1nm 处测得的吸光度比值应为 3.15~3.45，即为合格。

$$\frac{E_{1cm}^{1\%}(361nm)}{E_{1cm}^{1\%}(278nm)}=\frac{A_{361nm}}{A_{278nm}}= \qquad （规定为 1.70~1.88）$$

$$\frac{E_{1cm}^{1\%}(361nm)}{E_{1cm}^{1\%}(550nm)}=\frac{A_{361nm}}{A_{550nm}}= \qquad （规定为 3.15~3.45）$$

2. 定量分析

（1）紫外分光光度法（吸收系数法） 取标示量为 25.0μg/ml 的维生素 B$_{12}$ 样品，在 361nm±1nm 处测定吸光度，维生素 B$_{12}$ 的百分吸光系数（$E_{1cm}^{1\%}$）按 207 计算，即可求得样品的含量。

结果计算：计算注射液稀释几倍后的溶液每毫升中所含维生素 B$_{12}$ 的质量（μg）、计算时利用标准维生素 B$_{12}$ 的吸收系数（$E_{1cm\ 361nm}^{1\%}=207$）作比较，测定此值时，其浓度单位为 g/100ml，现在欲测定的样品浓度单位为 μg/ml，所以在比较计算时，必须将浓度换算为 μg/ml，即：

$$A=E_{1cm}^{1\%}lc$$

$$c=\frac{A}{E_{1cm}^{1\%}l}=\frac{A}{207}（g/100ml）$$

$$c_{样品}=\frac{A}{E_{1cm}^{1\%}l}=\frac{A\times10^6\times10^{-2}}{207}=A\times48.31（μg/ml）$$

若被测定的维生素 B$_{12}$ 注射液的标示量为 25.0μg/ml，则计算标示量% 为：标示量% $=A\times\frac{48.31}{25.0}\times100$。

（2）可见分光光度法（对照法） 在 550nm 波长处，以溶剂蒸馏水为空白，分别测定对照品和样品的吸收度，按下述方法计算样品的浓度。

设 A_s 及 A_x 分别代表对照品及样品在 550nm 处测得的吸收度，则根据对照法计算。

$$\frac{A_s}{A_x}=\frac{Ec_sl}{Ec_xl}$$

$$c_x=\frac{A_x}{A_s}c_s$$

【注意事项】

1. 用对照法进行维生素 B$_{12}$ 的含量测定，要求工作曲线过原点（即：物质对光的吸收完全符合朗伯-比尔定律）。

2. A_s 和及 A_x（或 c_s 和 c_x）要相近，否则误差很大。

3. 对照液的温度与测定液的温度要相同。

4. 吸收系数要已知，未知时要先测定吸收系数。

【思考题】

1. 在用紫外分光光度法测定时，如果取注射液 2ml 用蒸馏水稀释 30 倍，在 361nm 处测得 A 值为 0.698，试计算此维生素 B_{12} 注射液 1ml 含维生素 B_{12} 的量（g），如果每 1ml 标示量为 500μg，则标示量% 为多少？

2. 应用对比法还可以如何测定和计算？

（高先娟）

实验三十六　双波长分光光度法测定安钠咖注射液的含量

【实验目的与要求】

1. 掌握双波长分光光度法测定二元混合物中各组分含量的原理和方法。

2. 熟悉测定波长及参比波长的选择方法。

3. 了解紫外-可见分光光度计的扫描操作。

【实验原理】

本实验采用双波长分光光度法，在同一溶液中直接测定二组分的含量，方法简便快速，易于掌握。咖啡因和苯甲酸钠两组分在 HCl 溶液（0.1mo1/L）中测得的吸收光谱（图 9-2）。

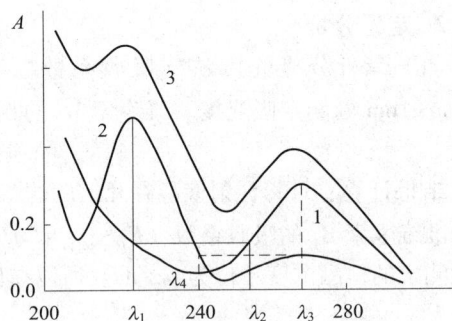

图 9-2　安钠咖注射液中两组分在 HCl 溶液中的吸收光谱图
1. 咖啡因；2. 苯甲酸钠；3. 咖啡因+苯甲酸钠

（一）测定苯甲酸钠（找咖啡因的等吸收点，以消去咖啡因的吸收）

即：$A_{咖}^{\lambda_1}=A_{咖}^{\lambda_2}$

在 λ_1 处测定安钠咖样品溶液：$A_样^{\lambda_1}=A_{样(咖)}^{\lambda_1}+A_{样(苯)}^{\lambda_1}$ （1）

在 λ_2 处测定安钠咖样品溶液：$A_样^{\lambda_2}=A_{样(咖)}^{\lambda_2}+A_{样(苯)}^{\lambda_2}$ （2）

（1）－（2）得　$\Delta A_样^{\lambda_1-\lambda_2}=A_{样(苯)}^{\lambda_1}-A_{样(苯)}^{\lambda_2}=(E_{苯}^{\lambda_1}-E_{苯}^{\lambda_2})c_{样(苯)}l$ （3）

在 λ_1 处测定苯甲酸钠对照品溶液：$A_{苯(对)}^{\lambda_1}=E_苯^{\lambda_1}c_{苯(对)}l$ （4）

在 λ_2 处测定苯甲酸钠对照品溶液：$A_{苯(对)}^{\lambda_2}=E_苯^{\lambda_2}c_{苯(对)}l$ （5）

（4）－（5）得 $\Delta A_{苯(对)}^{\lambda_1-\lambda_2}=(E_苯^{\lambda_1}-E_苯^{\lambda_2})c_{苯(对)}l$ （6）

（3）÷（6）得 $\dfrac{\Delta A_样^{\lambda_1-\lambda_2}}{\Delta A_{苯(对)}^{\lambda_1-\lambda_2}}=\dfrac{c_{样(苯)}}{c_{苯(对)}}$　$\Rightarrow c_{样(苯)}=\dfrac{\Delta A_样^{\lambda_1-\lambda_2}}{\Delta A_{苯(对)}^{\lambda_1-\lambda_2}}\times c_{苯(对)}$

（二）测定咖啡因（找苯甲酸钠的等吸收点，以消去苯甲酸钠的吸收）

即：$A_苯^{\lambda_3}=A_苯^{\lambda_4}$

同理得 $c_{样(咖)}=\dfrac{\Delta A_样^{\lambda_3-\lambda_4}}{\Delta A_{咖(对)}^{\lambda_3-\lambda_4}}\times c_{咖(对)}$

【实验材料】

1. 仪器 紫外分光光度计（可扫描的）、比色皿、容量瓶（100ml）、吸量管（1ml，2ml）、洗耳球。

2. 试剂 咖啡因（对照品）、苯甲酸钠（对照品）、安钠咖注射液、HCl溶液（0.1mol/L）。

【实验步骤】

1. 对照溶液和样品溶液的制备

（1）储备对照液的制备　精密称取咖啡因和苯甲酸钠各0.0500g，分别用蒸馏水完全溶解，转移至100ml容量瓶中，用蒸馏水稀释至刻度，摇匀，即得浓度为0.500mg/ml的咖啡因储备对照液和苯甲酸钠储备对照液，置于冰箱中保存备用。

（2）对照溶液的制备　分别吸取咖啡因储备对照液和苯甲酸钠储备对照液各2.00ml置于2个100ml容量瓶中。用HCl溶液（0.1mol/L）稀释至刻度，摇匀，即得咖啡因对照溶液和苯甲酸钠的对照溶液，溶液浓度为10.0μg/ml。

（3）安钠咖注射液样品溶液的制备　用1ml吸量管吸取安钠咖注射液1.00ml置于250ml容量瓶中，用蒸馏水稀释至刻度。从中精密吸取2.00ml置于100ml容量瓶中，用HCl溶液（0.1mol/L）稀释至刻度。

2. 吸收光谱的扫描 以HCl溶液（0.1mol/L）为参比，在220~300nm范围内，分别扫描10.0μg/ml的咖啡因对照品溶液、10.0μg/ml的苯甲酸钠对照品溶液和安钠咖注射液的样品溶液的吸收光谱。

3. 测定苯甲酸钠双波长 λ_1 和 λ_2 的确定 在苯甲酸钠的吸收曲线上找到最大吸收波长为 λ_1（大约230nm左右），然后在咖啡因的吸收曲线上找到 λ_1 的吸收度 $A_{咖}^{\lambda_1}$ 值，然后根据等吸收 $A_{咖}^{\lambda_1}=A_{咖}^{\lambda_2}$ 的关系，在咖啡因的吸收曲线的另一处找到 λ_2（257nm附近），分别记下 λ_1 和 λ_2 的值。

4. 测定咖啡因双波长 λ_3 和 λ_4 的确定 以咖啡因的吸收曲线上找到最大吸收波长为 λ_3（大约273nm左右），再在苯甲酸钠的吸收曲线上找到 λ_3 对应的吸收度值 $A_{苯}^{\lambda_3}$ 值，然后根据等吸收 $A_{苯}^{\lambda_3}=A_{苯}^{\lambda_4}$ 的关系，在苯甲酸钠的吸收曲线的另一处找到 λ_4（253nm附近），分别记下 λ_3 和 λ_4 的值。

5. 安钠咖的含量测定 在安钠咖注射液的样品溶液的吸收曲线上，分别读出 λ_1 和 λ_2、λ_3 和 λ_4 四个波长下的吸收度值，按表9-1记录，并代入公式计算含量。

6. 数据处理与实验结果

表9-1　安钠咖实验数据记录

波长 λ（nm）	$\lambda_1=$	$\lambda_2=$	$\lambda_3=$	$\lambda_4=$
$A_{苯甲酸钠(对)}$			—	—
$A_{咖啡因(对)}$	—	—		
$A_{安钠咖(样品)}$				

按原理中的计算公式：$c_{样(苯)}=\dfrac{\Delta A_{样}^{\lambda_1-\lambda_2}}{\Delta A_{苯(对)}^{\lambda_1-\lambda_2}}\times c_{苯(对)}$；$c_{样(咖)}=\dfrac{\Delta A_{样}^{\lambda_3-\lambda_4}}{\Delta A_{咖(对)}^{\lambda_3-\lambda_4}}\times c_{咖(对)}$

分别计算出 $c_{样(苯)}$ 和 $c_{样(咖)}$ 的值。

【注意事项】

1. 标准溶液和样品溶液在扫描时尽量使用同一比色皿。

2. 扫描前，必须用溶剂在测量波长范围做基线校准。

3. 因不同仪器的波长精度略有差异，故在不同仪器上测定时，应对波长组合进行校正。

【思考题】

1. 对于吸收光谱重叠的两组分混合物，测定其中一个组分，选择的 λ_1、λ_2 必须符合什么条件？

2. 双波长分光光度法进行定量分析的依据是什么？

(高先娟)

实验三十七　荧光法测定维生素 B$_2$ 的含量

【实验目的和要求】

1. 掌握荧光分光光度法测定维生素 B$_2$ 的基本原理及方法。

2. 熟悉荧光分光光度计的基本结构和实验技术。

3. 了解荧光分光光度计的使用方法。

【实验原理】

某些物质经紫外光或波长较短的可见光照射后，会发射出波长更长的荧光。荧光光谱能反映物质的特性及结构。建立在测量荧光强度和波长基础上的分析方法称为荧光分析法。

对同一物质而言，在稀溶液（即 $A=abc<0.05$）中，荧光强度 F 与该物质的浓度 c 有以下关系：

$$F = 2.3EIcI_0\varphi_f$$

式中，书 φ_f 为荧光过程的量子效率；E 为荧光分子的吸光系数；l 为试样的吸收光程；I_0 为入射光的强度；当 I_0 及 l 不变时，上式为：

$$F = Kc$$

式中，K 为常数。

维生素 B$_2$ 又称核黄素，溶于水，在酸溶液中是一个强荧光物质，在中性和酸性溶液中，对热稳定，在碱性溶液中较易被破坏。维生素 B$_2$ 在一定波长光照射下产生荧光。在稀溶液中，其荧光强度与浓度成正比。

在激发波长 430~440nm 照射下，维生素 B$_2$ 就会发生绿色荧光，荧光峰值波长为 545nm。在 pH=6~7 的溶液中其荧光强度最强，在 pH=11 时其荧光消失。

【实验材料】

1. 仪器　荧光分光光度计、容量瓶（50ml，100ml，1000ml）、吸量管（1ml，5ml）、量筒（10ml）、烧杯。

2. 试剂　维生素 B$_2$ 对照品、维生素 B$_2$ 片（规格：5mg/片）、醋酸（6mol/L）。

【实验步骤】

1. 维生素 B$_2$ 标准贮备液（10.0μg/ml）的配制　精密称取维生素 B$_2$ 对照品 10.0mg 置于烧杯中，加蒸馏水约 200ml、醋酸（6mol/L）5ml 充分搅拌至维生素 B$_2$ 完全溶解，再完全转移至 1000ml 容量瓶中，用蒸馏水稀释至刻度，摇匀，密闭、避光于冰箱中贮存。

2. 标准曲线的绘制　用一支 5ml 的吸量管分别精密吸取维生素 B$_2$ 标准贮备液 1.00ml、2.00ml、3.00ml、4.00ml、5.00ml 置于 5 只 50ml 容量瓶中，用蒸馏水稀释至刻度，摇匀，其浓度分别为 0.20μg/ml、0.40μg/ml、0.60μg/ml、0.80μg/ml、1.00μg/ml。以蒸馏水为空白溶液，测定各维生素 B_2 标准溶液的荧光强度每个溶液测定 3 次，以 $\overline{F}$ 为纵坐标，c 为横坐标，绘制标准曲线。

3. 维生素 B_2 片的含量测定　随机取维生素 B_2 10 片，精密称定后，于研钵中研细，称取相当于一片重量的维生素 B_2 粉末，加蒸馏水超声溶解，过滤多次洗涤沉淀后，将溶液合并于 100ml 的容量瓶中，加醋酸（6mol/L）5ml，去离子水至刻度摇匀。精密吸取维生素 B_2 待测液 0.50ml 置于 50ml 容量瓶中，用蒸馏水稀释至刻度，摇匀。以蒸馏水为空白溶液，测定溶液的荧光强度，从标准曲线上查出相应的维生素 B_2 的浓度 c_x，然后计算待测液中维生素 B_2 的含量。

4. 数据记录

溶液浓度（μg/ml）	0.20	0.40	0.60	0.80	1.00	c_x
F_1						
F_2						
F_3						
$\overline{F}$						

以荧光强度为纵坐标，标准系列溶液浓度为横坐标，绘制标准曲线。

5. 计算式

$$V_{B_2} \text{标示量} \% = \frac{c_x \times \dfrac{50 \times 100}{0.50}}{\dfrac{m_{\text{维生素} B_2}}{\text{平均片重}} \times 25 \times 10^3} \times 100$$

注：标示量，指该剂型单位剂量的制剂中规定的主药含量，通常在该剂型的标签上表示出来。例如：一片剂中应含有主药 0.1g，但是总有误差的，一般规定在 90%～110%，所以你测出主药是 0.09～0.11g/片，都是符合要求的。

【注意事项】

1. 荧光分光光度法灵敏度高，故对溶剂的纯度及玻璃器皿、样品池的洁净程度要求均较高。蒸馏水应用重蒸馏水。

2. 测定溶液不宜长时间受光照射，以免荧光强度降低。实验中应严格遵循平行操作的原则。

【思考题】

1. 简述荧光激发光谱和荧光发射光谱的区别及关系。

2. 影响荧光分光光度法定量测定的主要因素有哪些？

3. 如何确定最大吸收波长？

（张梦军）

实验三十八　荧光分光光度法测定水果中维生素 C 的含量

【实验目的和要求】

1. 掌握荧光法测定食品中维生素 C 含量的方法。

2. 熟悉荧光分光光度计的操作方法。

3. 了解分子荧光分析法的基本原理。

【实验原理】

维生素 C 又称抗坏血酸。抗坏血酸在氧化剂存在下，被氧化成脱氢抗坏血酸，脱氢抗坏血酸与邻苯二胺作用生成荧光化合物（喹喔啉），此荧光化合物的激发波长是 350nm，荧光波长（即发射波长）为 433nm，其荧光强度与抗坏血酸浓度成正比。若样品中含丙酮酸，它也能与邻苯二胺生成一种荧光化合物，干扰样品中抗坏血酸的测定。在样品中加入硼酸后，硼酸与脱氢抗坏血酸形成的螯合物不能与邻苯二胺生成荧光化合物，而硼酸与丙酮酸并不作用，丙酮酸仍可以发生上述反应。因此，在测量时，取相同的样品两份，其中一份样品加入硼酸，测出的荧光强度作为背景的荧光读数。另一份样品不加硼酸，样品的荧光读数减去背景的荧光读数后即为喹喔啉的荧光强度值，再与抗坏血酸标准样品的荧光读数相比较，即可计算出样品中抗坏血酸的含量。

【实验材料】

1. 仪器 组织捣碎机、离心机、荧光分光光度计、荧光比色杯等。

2. 试剂 （1）百里酚蓝指示剂（麝香草酚蓝） 称 0.1g 百里酚蓝，加 0.02mol/L 氢氧化钠溶液 10ml 在玻璃研钵中研磨至溶解，用水稀释至 200ml。变色范围 pH=1.2（红）~2.8（黄）。

（2）乙酸钠溶液 称取 500g 乙酸钠（$CH_3COONa \cdot 3H_2O$）溶解并稀释至 1L。

（3）硼酸-乙酸钠溶液 称取硼酸 9g，加入 35ml 乙酸钠溶液，用水稀释至 1000ml（使用前配制）。

（4）邻苯二胺溶液 称取 20mg 邻苯二胺盐酸盐溶于 100ml 水中（使用前配制）。

（5）偏磷酸-冰醋酸溶液 称取 15g 偏磷酸，加入 40ml 冰醋酸，加水稀释至 500ml 过滤后，贮存于冰箱中。

（6）偏磷酸-冰醋酸-硫酸溶液 称取 15g 偏磷酸，加入 40ml 冰醋酸，用 0.015mol/L 硫酸稀释至 500ml。

（7）抗坏血酸标准溶液 准确称取 0.5g 抗坏血酸溶于偏磷酸-冰醋酸溶液中，定容至 500.00ml 容量瓶中，此标准溶液浓度为每毫升相当于 1mg 的抗坏血酸（每周新鲜配制）；吸取上述溶液 5.00ml，再用偏磷酸-冰醋酸溶液定容至 50.00ml，此溶液每毫升相当于 0.1mg 的抗坏血酸标准溶液（每天新鲜配制）。

（8）活性炭 取 50g 活性碳加入 250ml 10% 盐酸，加热至沸，减压过滤，用蒸馏水冲洗活性炭，检查滤液中无铁离子为止，再于 110~120℃ 烘干备用。

【实验步骤】

1. 绘制标准曲线

（1）将制备好的 50ml 标准溶液（含抗坏血酸 0.1mg/ml）倒入锥形瓶中，再往锥形瓶中加入 1~2g 活性炭摇匀 1 分钟，过滤。

（2）取 2 只 50.00ml 容量瓶，各加入刚处理过的溶液 1.00ml，其中一只容量瓶中再加入 20ml 乙酸钠溶液，用水定容至刻度，此液作为标准溶液。另一只容量瓶中加入 20ml 硼酸-乙酸钠溶液，用水定容至刻度，此液作为标准空白溶液。

（3）取 5 支带塞的刻度试管，一支试管中加入 2.00ml 标准空白溶液，另 4 支试管中各加入 0.50ml、1.00ml、1.50ml、2.00ml 标准溶液，再分别用蒸馏水定容至 3.00ml。

（4）避光反应 在避光的环境中，迅速向各管中加入 5ml 邻苯二胺溶液，加塞，振摇 1~

2分钟，于暗处放置35分钟。

（5）荧光测定　选择最佳的仪器条件（激发波长：350nm，发射波长：433nm），记录标准溶液各浓度的荧光强度和标准空白溶液的荧光强度，标准溶液荧光强度减去标准空白溶液荧光强度计算相对荧光强度。

（6）标准曲线　以标准溶液浓度为横坐标，相对荧光强度为纵坐标，拟合标准曲线，获得线性方程。

2. 样品测定

（1）样品处理　称取均匀样品10g（视样品中抗坏血酸含量而定，其含量约在1mg左右），加入20ml偏磷酸-冰醋酸溶液，用捣碎机匀浆，先取少量样品加入1滴百里酚蓝，若显红色（pH=1.2），即用偏磷酸-冰醋酸溶液定容至100ml，若显黄色（pH=2.8），即用偏磷酸-冰醋酸-硫酸溶液定容至100ml，定容后过滤备用。

（2）氧化处理　将全部滤液转入锥形瓶中加入1~2g活性炭振摇1~2分钟，过滤。

（3）取2只50.00ml容量瓶，各加入5.00ml经氧化处理的样液，再向其中一只加入20ml乙酸钠溶液，用水稀释至50.00ml作为样品溶液；另一只加入20ml硼酸-乙酸钠溶液，用水稀释至刻度，作为样品空白溶液。

（4）取2支带塞的刻度试管，1支试管中加入2.00ml样品溶液为样液，另一根试管中加入2.00ml样品空白溶液作为空白，再分别用蒸馏水定容至3.00ml。

（5）避光加邻苯二胺，以下操作按绘制标准曲线项下（4）、（5）部分进行，得出样品的相对荧光强度。

（6）将样品的相对荧光强度代入标准曲线线性方程，求出样品中维生素C含量。

【注意事项】

1. 先固定激发波长扫描发射光谱，找到最大发射波长，再固定这个发射波长，扫描激发光谱，找到最佳测试条件。

2. 在实验开始前，应提前打开仪器预热，并配制好所需的溶液，对于已经配制好的溶液，在不用时放于4℃冰箱中保存，放置时间超过一星期的溶液要重新配制。

3. 实验所用的比色皿是四面透光的石英池，拿取的时候用手指捏住比色皿棱角，不能接触到四个面，清洗样品池后应用擦镜纸对其四个面进行轻轻擦拭。

4. 实验结束后，要及时的清理台面，处理废液，清洗和放置好样品池，并且按规定登记实验记录。

【思考题】

1. 实验中加入硼酸的作用是什么？
2. 荧光分光光度法进行定量分析的依据是什么？

（管　潇）

实验三十九　原子吸收分光光度法测定水中的钙和镁

【实验目的和要求】

1. 掌握原子吸收分光光度法测定物质含量的方法、过程及一般操作。
2. 熟悉标准曲线法和标准加入法的原理及计算。

3. 了解原子吸收分光光度计的使用。

【实验原理】

当一束具有待测元素特征谱线的光通过试样蒸气时，因被待测元素的原子吸收而使特征谱线的强度减弱，其减弱的程度（吸光度 A）与待测元素的基态原子数（N）及蒸气的厚度即火焰宽度（L）成正比：$A = \lg \dfrac{I_0}{I} = KLN$

式中，I_0 为入射光强度；I 为透射光强度；K 为比例常数。

由于溶液中待测离子浓度（c）与吸收辐射谱线的原子总数成正比。因此当火焰宽度 L 一定时，吸光度 A 与溶液中待测离子的浓度存在如下关系：$A = K'c$

在一定实验条件下 K' 为常数，即符合比耳定律。因此，通过测定溶液的吸光度，就可以求出待测元素的浓度。

不同元素的原子，从基态激发至第一激发态时吸收的能量不同，吸收谱线频率不同。利用这一特性，可进行元素定性分析。

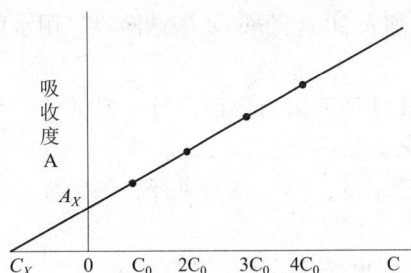

图 9-3　标准加入法曲线

原子吸收分光光度分析常用的定量方法有：标准曲线法、标准加入法和浓度直读法等。标准曲线法和其他仪器分析方法相同。标准加入法（也称直线外推法见图 9-3 所示）是取若干份体积相同的待测试样溶液置于同体积的容量瓶中，从第二份开始，按比例分别加入不同量的待测元素的标准溶液。若试样溶液中待测离子浓度为 c_x，则加入标准溶液后的浓度分别为 c_x+c_0、c_x+2c_0、c_x+4c_0；测得相应的吸光度 A_x、A_1、A_2、A_3。以吸光度对浓度作图得到如下图所示的直线。

延长直线与横轴相交于 c_x，c_x 点与坐标原点的距离即为试样中待测离子的浓度。

测定水中 Ca、Mg 含量时。其他阴、阳离子的存在会产生化学干扰，使测定结果偏低。其主要原因是干扰离子与待测离子生成难挥发的化合物。如果在试样中加入过量的金属盐类如 La 盐或 Sr 盐，由于 La 和 Sr 能与干扰离子生成更稳定的化合物，使待测元素释放出来，可以消除共存离子对 Ca、Mg 测定的干扰。

本实验采用标准曲线法测定 Mg，标准加入法测定 Ca。

【实验材料】

1. 仪器　原子吸收分光光度计，乙炔钢瓶（或乙炔发生器），无油空气压缩机，钙、镁元素空心阴极灯，乙炔—空气燃烧器，50ml 容量瓶 13 个，100ml 容量瓶，500ml 和 1000ml 容量瓶各 1 个，5ml 移液管 4 支，10ml 吸量管。

2. 试剂　100μg/ml 钙标准溶液：取 0.1249g $CaCO_3$ 基准物，用 6mol/L 盐酸溶解，转入 500ml 容量瓶中定容。

1000μg/ml 镁标准溶液：称取 1.0000g 纯金属镁溶于少量盐酸中，用 1% 盐酸溶液定容至 1L。

氯化镧溶液：称取 1.767g $LaCl_3$ 溶于水中，稀释至 100ml，得含 La 为 10mg/ml 的溶液。

【实验步骤】

1. 启动仪器　熟悉所用仪器的型号及使用方法，按使用说明书启动仪器。

2. 镁含量的测定

（1）仪器工作条件的确定。

①将镁空心阴极灯调入光路，选择灯电流 5~8mA，预热，将测定波长调到 285.2nm。

②启动空气压缩机，压力调到 0.20~0.25mPa（2~2.5kg/cm^2）。

③按仪器说明书，点燃空气-乙炔火焰。调节燃助比至化学计量性火焰，即中性火焰，其特征是火焰层次清晰、稳定。

④调整燃烧器高度。配制 0.1mg/ml 镁标准溶液进行喷雾。改变燃烧器高度，观察吸光度的改变，将燃烧器调到吸光度大、稳定性好的位置。

⑤选择光谱通带。选择通带应考虑提高信噪比和灵敏度两方面，在能分开最近的非共振线前提下，可适当放宽狭缝，以得到较高的灵敏度。通常对 Ca、Mg 的测定，狭缝宽度取 0.2mm。

⑥选择光电倍增管工作电压。增大负高压能提高灵敏度，但噪声电平往往也会增大。一般选择最大工作电压的 1/3~2/3 为宜。

（2）标准曲线法测定镁含量

①绘制工作曲线。依次取 1.00mg/ml 镁标准溶液 0.0ml、1.0ml、2.0ml、3.0ml、4.0ml、5.0ml，分别加入 6 个 50ml 容量瓶中，再分别加入 5ml LaCl$_3$ 溶液，用去离子水稀释至刻度，摇匀。

②吸喷去离子水，清洗燃烧器，调吸光度为零，然后在所选择的工作条件下，依次测定与记录标准系列溶液的吸光度（每次测定均需去离子水调吸光度为零）。

③测定水样中 Mg 的吸光度。准确吸取一定量的自来水两份，分别加入两个 50ml 容量瓶中，各加入 5ml LaCl$_3$ 溶液，用去离子水稀释至刻度，摇匀。在与上述相同的条件下，分别测定吸光度。如果水样的吸光度超出标准曲线的范围，可增加或减少取样量，使吸光度尽可能落在校正曲线中部。

3. 标准加入法测定钙的含量

（1）自来水中 Ca 的半定量测定 取 1.00mg/ml 钙标准溶液 2ml 于第一个 50ml 容量瓶中，加入 5ml LaCl$_3$，用去离子水定容。取 25ml 自来水于第二个 50ml 容量瓶中，加入 5ml LaCl$_3$，用去离子水定容。各取 25ml 于第三个 50ml 容量瓶中混合均匀。

将钙元素空心阴极灯调入光路、预热（灯电流 5~10mA），测定波长调到 422.7nm。用同样的方法调节燃烧器高度，其他条件与测定镁时相同。在同样的工作条件下测定上述三种溶液的吸光度，即可估算出水中钙的大致含量 c_x。

（2）配制标准加入法系列溶液 取 5 个 50ml 容量瓶，分别加入 5ml 自来水，再分别加入 5ml LaCl$_3$ 溶液，然后向上述容量瓶中依次加入钙标准溶液 0.0ml、V_1 ml、$2V_1$ ml、$4V_1$ ml、$8V_1$ ml，用去离子水稀释至刻度（为使溶液中的 $c_x = c_0$，取 $V_1 = c_x \dfrac{V_x}{c_s}$）。

（3）在所选择的工作条件下逐个测定吸光度。

实验完毕，吸喷去离子水，清洗燃烧器，按操作要求关好仪器。

4. 数据处理

（1）将镁标准系列溶液的吸光度对浓度绘制工作曲线，在标准曲线上求得水样中镁的浓度，再计算原水样中的镁含量，以 mg/L 表示。

（2）在方格坐标纸上绘制钙的标准加入法直线，并外推与横轴相交，求得钙的浓度，计算原水样中的钙含量，以 mg/L 表示。

【注意事项】

1. 测定均以去离子水为参比，每测定一份溶液，均需用去离子水清洗至吸光度为零。

2. 点燃空气-乙炔火焰时，应先通空气，后通乙炔气，熄灭时顺序相反。为了使点火顺利,可适当增大乙炔气流量,点燃,待火焰稳定后再根据需要调节成所需要的火焰类型。

3. 废液排出口一定要插入盛水瓶中进行水封,以防回火。

4. 乙炔管道及接头禁止使用紫铜材质,否则易生成乙炔铜引起爆炸。乙炔钢瓶阀门旋开不应超过 1.5 转,以防止丙酮逸出;瓶内压力不得低于 0.5MPa,否则丙酮会沿管路流出。

5. 仪器的原子化器上方应安装耐腐蚀材料制作的排风罩及通风管道,进行强制通风。风速要适当,既能将有毒气体送出又能使火焰稳定。

【思考题】

1. 原子吸收分光光度法能够进行定量分析的依据是什么?

2. 原子吸收分光光度法常用的定量方法有哪些?

(张梦军)

实验四十　石墨炉原子化法测定药用
明胶空心胶囊中的微量铬

【实验目的和要求】

1. 掌握原子吸收分光光度法测定样品的原理。

2. 熟悉工作曲线法的基本原理和方法。

3. 了解原子吸收分光光度计的性能和操作方法。

【实验原理】

药用明胶为动物的皮、骨、腱与韧带中胶原蛋白经湿法水解(酸法、碱法、酸碱混合法或酶法)后纯化得到的制品,或为上述不同明胶制品的混合物。部分企业为了追求利润,在条件极差的环境中生产明胶空心胶囊,导致药用明胶空心胶囊中铬超标。铬对人、畜的毒性非常强,容易进入机体,对肝、肾等内脏器官和 DNA 造成损伤。

石墨炉原子化法是利用大电流(常高达数百安)通过高阻值的石墨器皿(石墨管)时所产生的高温,使置于其中的试样蒸发和原子化。原子吸收分光光度法是基于从光源辐射出具有被测元素特征波长的光通过试样原子蒸气时,被蒸气中被测元素的基态原子所吸收,利用光被吸收的程度来测定被测元素的含量。

【实验材料】

1. 仪器　原子吸收分光光度计(配石墨炉原子化器),铬元素空心阴极灯,微波消解罐,微波消解仪,分析天平。

2. 试剂　明胶空心胶囊,硝酸(优级纯),铬单元素标准溶液(1000mg/L)。

【实验步骤】

1. 供试品溶液的制备　精密称取明胶空心胶囊约 0.5g,置聚四氟乙烯消解内罐中,加硝酸 10ml,浸泡过夜,装置好外罐于微波消解仪中,按表 9-2 条件消解。消解完全后,取消解内灌置电热板上缓缓加热至红棕色整齐挥尽并近干。用 2% 硝酸转移至 50ml 量瓶中,并用 2% 硝酸稀释至刻度,摇匀,作为供试品溶液。

表 9-2　微波消解程序

步骤	压力（kg/cm²）	保持时间（s）
1	5	100
2	20	600

2. 空白溶液的制备　除不加明胶空心胶囊外，按"供试品溶液的制备"项下操作。

3. 对照品储备液的制备　取铬标准液（1000mg/L）1ml 至 10ml 量瓶中，并用 2% 硝酸稀释至刻度，摇匀。取该溶液 1ml 至 100ml 量瓶中，并用 2% 硝酸稀释至刻度，摇匀，配制成 1μg/ml 对照品储备液。

4. 系列对照品溶液　分别取 0ml、2ml、4ml、6ml、8ml 对照品储备液至 100ml 量瓶中，并用 2% 硝酸稀释至刻度，摇匀，配制成系列对照品溶液。

5. 仪器条件　打开原子吸收分光光度计，选用铬空心阴极灯，波长为 357.9nm，狭缝 0.5nm，灯电流 10mA，石墨炉原子化器，氩气为保护气，氘灯背景校正系统。石墨炉工作条件见表 9-3。

表 9-3　石墨炉加热程序

序号	步骤	温度（℃）	时间（s）	气体流量（L/min）
1	干燥	120	30.0	0.2
2	灰化	1300	20.0	0.2
3	原子化	2500	3.0	关
4	清洗	2600	3.0	0.2

6. 供试品溶液铬浓度的测定　依次测定空白对照溶液和铬系列浓度对照品溶液的吸光度，记录读数。以每一浓度 3 次吸光度读数的平均值为纵坐标、相应浓度为横坐标，绘制标准曲线。测定供试品溶液吸光度值，取 3 次读数的平均值，利用标准曲线计算相应的浓度，计算供试品中铬元素的含量。

【注意事项】

1. 本法中所用消解内罐及容量瓶、移液管等容器均在每次使用前用硝酸溶液（1:1）浸泡过夜，再用超纯水冲洗干净后使用。

2. 试验用硝酸应选用优级纯，以降低空白溶液吸光度值，减少误差。

3. 微波消解容器不得采用铬酸清洗液洗涤。

4. 注意试验所需的所有仪器均应在计量检定合格效期内。

【思考题】

1. 原子吸收分光光度法测定不同元素时，对光源有什么要求？

2. 如何消除原子吸收分析中的化学干扰？

3. 本实验中明胶空心胶囊中的微量铬的限量是多少？

（姜　珍）

实验四十一　阿司匹林红外光谱的测定

【实验目的和要求】

1. 掌握红外光谱的固体试样制备及傅立叶变换红外光谱仪器的操作。

2. 通过图谱解析及标准图谱的检索对比，了解红外光谱鉴定药物的一般过程。

【实验原理】

利用物质分子对红外辐射的吸收，得到与分子结构相应的红外吸收光谱图，从而来鉴别分子结构的方法，称为红外吸收光谱法（IR）。

红外光谱法应用较为广泛，无论气、液及固态样品皆可测定其红外光谱，但以固态样品最方便。固体试样的制备方法有压片法和石蜡糊法（浆糊法）；液体试样的制备方法有液体池法、夹片法和涂片法。

本实验选择固体样品阿司匹林作为分析对象进行分析。

【实验材料】

1. 仪器 红外分光光度计、玛瑙研钵、压片模具。

2. 试剂 阿司匹林（要求试样纯度>98%，且不含水）、色谱纯的 KBr 粉末，石蜡油。

【实验步骤】

1. 试样制备

（1）压片法 称取干燥的阿司匹林试样约 1mg 置于玛瑙研钵中，加入干燥的 KBr 粉末约 200mg，研磨混匀。将研磨好的物料加入到专用红外压片模具中铺匀，置于油压机上先抽气 2min 以除去混在粉末中的湿气，再边抽气边加压至 1.5~1.8MPa 约 2~5min。取出，装入红外分光光度计的样品架上待测。

（2）糊状法 取少量干燥的阿司匹林试样置于玛瑙研钵中磨细，加入几滴石蜡油继续研磨至呈均匀的浆糊状，糊状物涂于可拆液体池的窗片或空白 KBr 片上，即可测定。

2. 图谱绘制

（1）背景光谱采集 开启仪器，选择实时分析程序，进入操作界面，在 Scan 菜单中选择 Scan，设置扫描参数，进行背景扫描。

（2）阿司匹林的红外光谱图测绘 打开样品仓，将上述制备试样置于样品架上，点击 Scan \ Scan 按钮，选择 Sample 设置参数，光谱范围 400~4000cm⁻¹。当试样采集完毕后，即可得到 400~4000cm⁻¹ 范围内的阿司匹林红外光谱图。

（3）吸收峰波数标注 在操作界面中，打开 Peaks 菜单，点击 Peak Pick，设置参数，即可标出各吸收峰的波数值。

（4）谱图打印 在 file 下拉菜单中，选择 Print setup 设置打印参数；然后再进入 file 下拉菜单，选择 Print，即可打印出阿司匹林样品的红外光谱图，然后根据阿司匹林的结构特征进行光谱解析，找出峰的归属，并与标准 SADTLER 红外光谱图（图 9-4）进行比对。

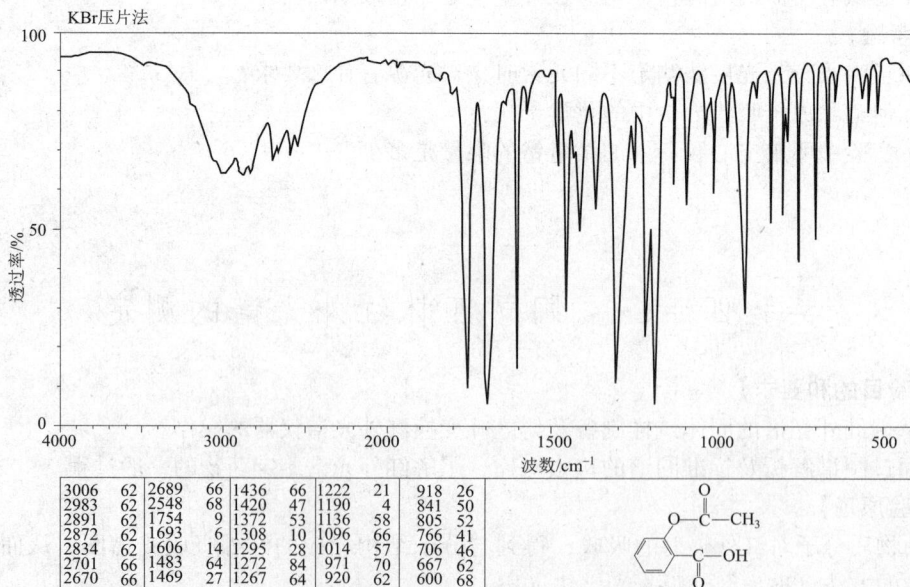

图 9-4 阿司匹林的红外标准谱图

3. 关机 实验结束，关闭界面，退出操作系统。并关闭主机、打印机和计算机及稳压电源开关，关掉总电源，覆盖好仪器。

【注意事项】

1. 压片制样时，物料必须研细并混合均匀，加入到模具中需均匀平整，否则不易获得均匀透明的试样。

2. KBr 极易受潮，因此制样应在低湿环境或红外灯下进行。

【思考题】

1. 红外光谱分析的原理是什么？

2. 压片法制备样品应注意哪些问题？

（白慧云）

实验四十二　核磁共振波谱法测定乙酰乙酸乙酯互变异构体的相对含量

【实验目的和要求】

1. 熟悉核磁共振波谱仪的工作原理及基本操作。

2. 了解用核磁共振波谱法测定互变异构现象的原理。

3. 练习寻找典型氢原子的化学位移；利用核磁共振波谱法测定互变异构体的相对含量。

【实验原理】

互变异构是有机化学中的常见现象，酮式和烯醇式的相对含量与分子结构、浓度和温度有关。一定条件下，酮式与烯醇式以互变异构的形式共同存在，达到动态平衡。因为酮式与烯醇式分子各类质子的化学环境各不相同，有不同的化学位移，所以利用核磁共振法，根据各种峰的积分值就可方便的测定两种互变异构的相对量。

乙酰乙酸乙酯有酮式和烯醇式两种互变异构体，结构式如图 9-5 所示。

酮式　　　　　　　　　　烯醇式

图 9-5　乙酰乙酸乙酯的互变异构体

用化学法测定乙酰乙酸乙酯两种互变异构体的相对含量，操作麻烦，条件与终点也不好控制。用核磁共振波谱法测定，具有简单、快速的优点，实验结果与化学法相近。

【实验材料】

1. 仪器 瑞士 Brukers AV 400 脉冲傅立叶变换核磁共振波谱仪，样品管（Φ5mm）。

2. 试剂 乙酰乙酸乙酯（分析纯），氘代三氯甲烷（含 0.1% TMS）。

【实验步骤】

1. 样品配制 取 100μl 乙酰乙酸乙酯至核磁管中，再向核磁管中加入 0.5ml 氘代三氯甲烷，盖上盖子，放置使互变异构体达到平衡。

2. NMR 测定 本实验以瑞士 Brukers AV400 脉冲傅立叶变换核磁共振波谱仪操作为例说明（若使用其他型号仪器，应按使用仪器的操作说明进行操作），将样品管放入探头内，设定核磁共振波谱仪参数，测试核种：1H；样品管转速：20Hz；扫描次数：16 次；脉冲程序：zg 30。调整好仪器，采集信号，进行必要的数据处理，并测绘积分曲线。

3. 清洗样品管　测定完毕，借助键入 ej 命令从探头中取出样品管，并盖好探头防尘盖，关闭空压机。将样品管中的溶剂等倒入废液瓶中，用易挥发溶剂（如丙酮或乙醇等）小心清洗样品管，然后自然晾干。

4. 计算乙酰乙酸乙酯烯醇式相对量　烯醇式相对量的计算公式如下：

$$w_{稀醇}\% = A_{稀醇} / (A_{稀醇} + A_{酮}/2) \times 100\%$$

式中，$A_{稀醇}$ 为烯醇式氢的峰面积；$A_{酮}$ 为酮式亚甲基氢的峰面积。

【注意事项】

1. 溶解样品应使用氘代试剂为溶剂，因为测试时溶剂中的氢也会出峰，溶剂的量远远大于样品的量，溶剂峰会掩盖样品峰，所以用氘取代溶剂中的氢，氘的共振峰频率和氢差别很大，氢谱中不会出现氘的峰，减少了溶剂的干扰。在谱图中出现的溶剂峰是氘的取代不完全的残留氢的峰。

2. 溶剂的用量应适宜，一般只要保证样品的长度比线圈上下各多出 3mm 即可，过少会影响自动匀场效果，过多浪费溶剂而且由于稀释了样品，减少了处在线圈中的有效样品量。这种情况下要注意将样品液柱的中心与定深量筒上的线圈中心对齐。

3. 为了使磁场稳定，测试样品时要进行锁场；如果不锁场也可以测试样品，但因为磁场稳定性差，测出的谱图分辨率较低。

4. 测试样品加 TMS（四甲基硅烷）是作为定化学位移的标尺，也可以不加 TMS 而用溶剂峰作标尺。

【思考题】

1. 试比较用氘代三氯甲烷和氘代甲醇为溶剂测得的两张核磁共振谱图，指出他们的差别，并说明原因。

2. 预测浓度对烯醇式质量分数的影响。

（姜　珍）

第十章　色谱分析法实验

实验四十三　薄层色谱法测定氧化铝的活度

【实验目的和要求】

1. 掌握薄层色谱软板的制备方法。
2. 熟悉薄层色谱法的一般操作步骤。
3. 了解软板测定氧化铝活度的方法。

【实验原理】

薄层色谱法是一种微量、快速的层析方法。根据分离的原理不同，薄层色谱法可以分为吸附薄层色谱法和分配薄层色谱法。吸附薄层中常用的吸附剂为氧化铝和硅胶。

吸附薄层色谱法主要是利用吸附剂对样品中各成分吸附能力不同及展开剂对它们的解吸附能力的不同，使各成分达到分离。吸附作用主要由于物体表面作用力、氢键、络合、静电引力、范德华力等产生。吸附剂的吸附能力大小用活度表示，活度与其含水量密切相关。含水量增加，活性级别增大，吸附力减弱。Al_2O_3 是常见的一种极性吸附剂，其活性级别通常用它对偶氮染料的吸附性能 R_f 值的大小来表示，R_f 值越大，氧化铝对染料的吸附能力越弱，活性级别越大。区分氧化铝为 I ~ V 级活性级别的具体方法为：将偶氮苯、对甲氧基偶氮苯、苏丹黄、苏丹红、对氨基偶氮苯的 CCl_4 溶液分别点于薄层软板上，用 CCl_4 作展开剂，定距展开约 10cm，求出各偶氮染料的 R_f 值。然后，将上述染料的 R_f 值与下表中的标准值比较，确定 Al_2O_3 的活性级别。吸附能力越小，活度级别越大。

表 43-1　Al_2O_3 活度和偶氮染料比移值 R_f 的关系

偶氮染料	氧化铝活度级别及 R_f 值			
	II	III	IV	V
偶氮苯	0.59	0.75	0.85	0.95
对甲氧基偶氮苯	0.16	0.49	0.69	0.89
苏丹黄	0.01	0.25	0.57	0.78
苏丹红	0.00	0.10	0.33	0.56
对氨基偶氮苯	0.00	0.03	0.08	0.19

【实验材料】

1. 仪器　层析缸（长方形展开槽）、玻璃板（5cm×12cm）、玻璃棒、橡皮胶布、毛细管、全自动（手动）薄层铺板器。

2. 试剂　Al_2O_3（薄层用）、CCl_4、偶氮苯、对甲氧基偶氮苯、苏丹黄、苏丹红、对氨基偶氮苯。

【实验步骤】 本实验采用 Brochmann 法测定氧化铝的吸附能力等级，观察氧化铝对多种偶氮染料的吸附情况，确定氧化铝的等级。

1. 偶氮染料溶液的配制 称取偶氮苯 30mg 和对甲氧基偶氮苯、苏丹黄、苏丹红及对氨基偶氮苯各 20mg，分别置于 50ml 容量瓶中，加 CCl_4 溶解并稀释至刻度线，摇匀。

2. Al_2O_3 软板的制备（干法铺板） 可采用全自动（手动）薄层铺板器铺制。或实验室自制：取一块洁净且表面光滑的玻璃板，另取一根比玻璃板宽度稍长的玻璃棒，将玻璃棒的两端包上 0.6~1mm 的医用胶布（或在玻璃棒两端套上厚度为 0.6~1mm 的塑料圈或金属环），所包胶布的厚度就是所铺薄层的厚度。将待测 Al_2O_3（薄层用）均匀撒在洁净玻璃板上，双手用力均匀地在从玻璃板的一端向前推动玻璃棒，使吸附剂成一均匀薄层。

3. 活化 将薄层板放入烘干箱中，升高温度至 105~115℃，恒温 30 分钟，后稍冷取出置于干燥器中冷却。

4. 点样、展开 用毛细管吸取上述 5 种染料溶液适量，按适当间距分别点加于薄层软板的起始线上（起始线距薄板底边约 1.5cm），点好样后，将薄层板放入盛有 CCl_4 的展开槽中（图 10-1），点样的一端浸入展开剂中展开，浸入的深度约为 0.5cm，另一端用塞子将薄层板上端垫高，使成 15°~30° 的角度，密封，待展开剂上升到距起始线约 10cm 处，取出，标记溶剂前沿。量出各染料斑点中心及溶剂前沿距离起始线的位置，计算比移值，根据上表数据，确定氧化铝活度。

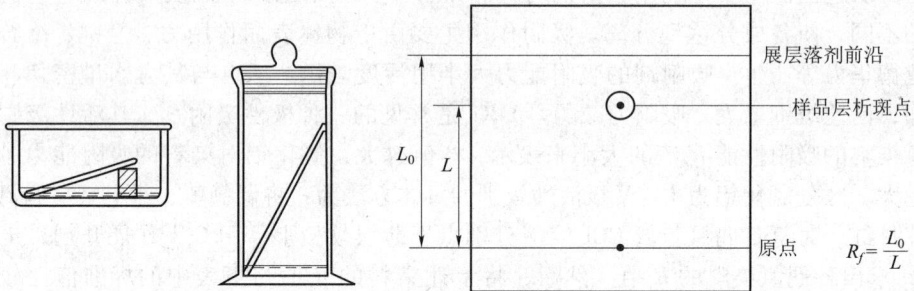

图 10-1 薄层层析装置图（卧式、斜靠式）及样品展开示意图

5. 实验数据处理

染料	偶氮苯	对甲氧基偶氮苯	苏丹黄	苏丹红	对氨基偶氮苯
前沿距离 L_0					
斑点距离 L					
R_f 值					
活度级别					

【注意事项】

1. 制备软板时，推移不宜过快，也不能中途停顿，否则厚薄不均匀，影响分离效果。薄层板需放在 105~115℃ 的烘箱内活化 30 分钟，取出后在干燥器中冷却备用。

2. 点样量应适宜，不能过多，否则会产生拖尾现象。

3. 展开剂不宜加得过多，起始线勿浸入展开剂中。

4. 所选用的薄层板必须表面光滑，没有划痕。

【思考题】

1. 吸附剂的活度、活性级别与吸附性强弱有何关系？

2. 什么是 R_f 值？影响 R_f 值的因素有哪些？

3. 根据 5 种偶氮染料的比移值大小，确定它们的极性大小顺序。

4. 薄层层析板为何要进行"活化"？展开前层析缸内空间为什么要用溶剂蒸汽预先进行饱和？

（吴　红）

实验四十四　薄层扫描法测定天麻中天麻素的含量

【实验目的和要求】

1. 掌握薄层层析的操作方法。

2. 熟悉用薄层扫描法测定有效成分含量的方法。

3. 了解薄层层析法在中药有效成分分离、鉴定中的应用。

【实验原理】

TLC 法是根据各组分在两相间分配系数的不同而使混合物分离的方法。薄层扫描法是以样品被测定物的斑点中化合物吸收峰波长作测定波长，无吸收处的波长作参比波长，对展开后的薄层板进行吸光度扫描。扫描曲线上的每个峰对应于薄层上的相应斑点，峰高或峰面积与组分的量有一定关系，比较对照品与样品的峰面积或峰高，可测得组分含量。

本实验是利用薄层色谱法可将天麻药材中的天麻素与其他组分分离，再用天麻素对照品进行对照，根据斑点的 R_f 值可确定药物中的天麻素，再利用薄层扫描法扫描天麻素斑点得到峰面积，可计算出天麻素的含量。

【实验材料】

1. 仪器　薄层扫描仪，层析缸，定量点样毛细管，乳钵，烘箱，超声波处理器。

2. 试剂　羧甲基纤维素钠，苯，$CHCl_3$，醋酸乙酯，蒸馏水，硅胶 G，天麻，天麻素。

【实验步骤】

1. 供试品溶液与对照品溶液的制备

（1）供试品溶液　取天麻药材粗粉约 25g，精密称定，加入 40ml 甲醇，超声 30 分钟，过滤至 50ml 量瓶中，定容，备用。

（2）对照品溶液制备　精密称取天麻素对照品 18mg 于 10ml 容量瓶中，用甲醇溶解，稀释至刻度，摇匀，配制成浓度为 1.8mg/ml 的对照品溶液备用。

2. 制板　取硅胶 G 与 0.3% 羧甲基纤维素钠水溶液以 1：2.5 的比例混合，沿一个方向研磨至无气泡，以自动涂布器涂布于 10cm×20cm 玻璃板上，涂布厚度约 0.3mm，在室温下自然干燥后，置烘箱内（105℃）活化 1 小时，放于干燥器中备用。

3. 点样　在距离薄层板 1.5cm 处划一起始线，精密吸取制备好的对照品溶液 2μl（标 1）、5μl（标 2）及样品溶液 5μl 交叉点于同一硅胶 G 的羧甲基纤维素钠薄层板上的起始线上，各点距离约 1.5cm 左右。点样顺序为标 1、样、标 2、样、标 1、样、标 2 共七点。

4. 展开　以乙酸乙酯-甲醇-水（9：2：0.2）为展开剂，预饱和 15 分钟，用上行法展开。展开约12cm时取出薄板，在前沿处作标记，空气中放置，待展开剂挥散后显色定位。

5. 显色 喷以40%磷钼酸乙醇溶液，然后在110℃下加热5~10分钟至斑点清晰。

6. 鉴别 计算R_f值，并将供试品与样品对照。在供试品色谱中与对照品色谱相应的位置上，应显示相同颜色的红色斑点。

7. 扫描 测量波长为600nm；测定方式为反射吸收，线性化器SX=3；锯齿扫描；外标两点法定量。

将层析板置薄层扫描仪中，测定供试品和对照品的峰面积积分值。

8. 实验数据处理

（1）计算对照品溶液和样品溶液中天麻素的R_f值

（2）根据扫描得到的峰面积积分数据，求出天麻素的回归方程和相关系数。

（3）用外标两点法计算试样中天麻素的含量，

$$含量(\%)=\frac{(a+bA)\cdot V_{倍率}}{称重量}\times100\%$$

式中，$a=m_1-bA_1$；$b=\dfrac{m_1-m_2}{A_1-A_2}$；$A$，$A_1$，$A_2$分别为试样和两种点样量对照品溶液的峰面积积分值；$m_1$，$m_2$为对照品量。

【注意事项】

1. 选择铺制的薄层板时，厚度要均匀、一致。在薄层板下沿划起始线要轻，尽量保持薄层板表面的平整。

2. 展开剂要混合均匀。

3. 显色剂喷布要均匀，显色剂的用量适宜。

【思考题】

1. 薄层色谱的显示定位方法有哪些？

2. 层析缸和薄层板若不预先用展开剂蒸气饱和，会产生什么现象？为什么？

3. 显色剂的用量对样品的测定结果有何影响？

（王海波）

实验四十五 纸色谱法分离鉴定混合氨基酸

【实验目的和要求】

1. 掌握纸色谱法分离、鉴定的基本原理。

2. 熟悉纸色谱法的操作技术。

3. 了解纸色谱法选择的原则。

【实验原理】

纸色谱法是分配色谱的一种，通常用特制的滤纸如新华一号滤纸作为固定相水的载体，含有一定比例的水的有机溶剂（展开相）作流动相，应用于多官能团或高极性化合物如糖或氨基酸的分离、鉴定。

R_f比移值是一个特定常数。R_f值随被分离化合物的结构、固定相与流动相的性质、温度等因素不同而异。当温度、滤纸等实验条件固定时，它是一个常数。这也就是用纸色谱进行定性分析的依据（图 10-2）。

由于各种氨基酸在水中和有机溶剂中的溶解度各不相同，极性大的氨基酸在水中溶解度较大，在有机溶剂中溶解度较小，其分配系数就较大；而极性小的氨基酸在水中溶解度较小，在有机溶剂中溶解度较大，则其分配系数就较小。由于甘氨酸极性大于蛋氨酸，故分配系数较大，因而甘氨酸的 R_f 值要小于蛋氨酸的 R_f 值。混合氨基酸经展开分离后，用茚三酮显色，应呈现紫色斑点。比较混合溶液中组分的 R_f 值与对照品的 R_f 值便可定性。

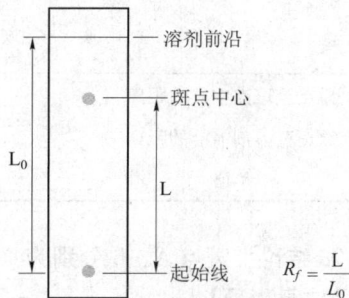

图 10-2　R_f 比移值的计算示意图

$$R_f = \frac{L}{L_0}$$

【实验材料】

1. 仪器　圆柱形层析缸（150×300mm）、色谱滤纸（中速）、平口毛细管（内径约 1mm）、电吹风、显色喷雾器、烘箱。

2. 试剂　甘氨酸对照品、蛋氨酸对照品、茚三酮显色剂（0.15g 茚三酮+30ml 冰醋酸+50ml 丙酮溶解）、正丁醇（A.R.）、冰醋酸（A.R.）。

【实验步骤】

1. 对照品溶液及样品溶液的配制　分别称取甘氨酸、蛋氨酸对照品适量，分别制成 0.4mg/ml 的甘氨酸对照品溶液和蛋氨酸对照品溶液。另分别称取甘氨酸、蛋氨酸适量，置于同一量瓶中，制成 0.4mg/ml 的混合氨基酸样品溶液。

2. 展开剂的配制　正丁醇-冰醋酸-水（4：1：1）。

3. 点样　取长 25cm、宽 6cm 的中速色谱纸一张，在距底边 2.5cm 处标记起始线，在起始线上记 3 个 "×" 号，间距为 1.5cm，用平口毛细管分别点加甘氨酸、蛋氨酸对照品溶液和混合氨基酸样品溶液 3~4 次（干燥后点加），斑点直径 2mm，晾干（或用冷风吹干）。

4. 展开　将点好样的色谱滤纸垂直悬挂于色谱缸的悬钩上，盖上缸盖，饱和约 10 分钟。然后使滤纸底边浸入展开剂正丁醇-冰醋酸-水（4：1：1）内约 0.3~0.5cm，定距展开约 20cm 后，取出，立即用铅笔标记溶剂前沿位置。纸面自然风干一段时间后，放入 50℃烘箱干燥 10 分钟取出，如图 10-3 所示。

滤纸制作示意图　　点样后的滤纸处理（展开剂液面不能超过样点）　　纸色谱效果示意图

图 10-3　纸色谱分离的技术操作

5. 显色及 R_f 值计算　待色谱滤纸晾干后，喷茚三酮显色剂，在 60℃ 的烘箱里烘烤 5 分钟后，即可见红紫色斑点。计算各斑点 R_f 值。

6. 数据记录与处理　通过比较混合氨基酸样品溶液中的组分与对照品的 R_f 值进行定性鉴别。

	对照品溶液		混合氨基酸样品溶液	
	甘氨酸	蛋氨酸	斑点 A	斑点 B
原点至斑点中心的距离				
原点至溶剂前沿的距离				
R_f值				

7. 结论　斑点 A、B 分别为：

【注意事项】

1. 采用分量多次点样，每次点样一定要吹干后再点第二次，以免斑点扩散，斑点直径控制在约 2~3mm。点样次数视样品溶液浓度而定。

2. 氨基酸的显色剂茚三酮对体液如汗液等均能显色，在拿取纸时，应注意拿滤纸的顶端或边缘或戴手套操作，以保证色谱纸上无杂斑（如手纹印等）。

3. 茚三酮显色剂应临用前配制，或置冰箱中冷藏备用。

4. 点样用的毛细管（或微量注射器）不可混用，以免污染。

5. 点样后的滤纸在层析缸内饱和 10 分钟时，不可将滤纸浸入展开溶剂内。当需要展开时小心将滤纸浸入展开溶剂中，勿使溶剂浸过起始线。

6. 喷显色剂要均匀、适量。

【思考题】

1. 影响纸色谱 R_f 值的因素有哪些？

2. 色谱纸为什么要用展开剂饱和？

3. 喷洒显色剂前为什么要将滤纸干燥至无味？

（吴　红）

实验四十六　气相色谱仪的性能检查

【实验目的和要求】

1. 掌握气相色谱仪的一般操作。

2. 熟悉检测器的灵敏度、检测限、定性和定量精密度的测定和计算方法。

【实验原理】

气相色谱仪的氢火焰离子化器（Hydrogen flame ionization detector，FID）性能检查项目主要有以下几点。

1. 响应值（或灵敏度）S　FID 是一种高灵敏度检测器，对有机物检测可达到 10^{-12} g/s。在一定范围内，检测信号 E 与进入检测器的物质质量 m 呈线性关系：

$$E = Sm$$
$$S = E/m$$

可见，灵敏度 S 表示单位质量（或浓度）的物质通过检测器时，产生的响应信号的大小。S 值越大，检测器（也即色谱仪）的灵敏度也就越高。灵敏度 S 可按下式计算：

$$S = \frac{A}{1000m} \text{（mV·s/g）}$$

式中，A 为色谱峰面积（$\mu V \cdot s$），A 除以 1000 可变换为 $mV \cdot s$；m 为进样量（g）。

2. 检测限（最小检测量）D 对于 FID 检测器，灵敏度越高噪音越大，故单用灵敏度不能全面衡量检测器性能的好坏。噪声水平 N 决定着能被检测到的浓度（或质量），若要把信号从本底噪声中识别出来，则组分的响应值就一定要高于 N。检测器响应值为 2 倍噪声水平时的试样质量（或浓度），定义为检测限（敏感度）。检测限越小，检测器的性能越好。检测限 D 可按下式计算：

$$D = \frac{2N}{S}(g/s)$$

式中，N 为噪音；S 为灵敏度。

3. 定性重复性 在同一实验条件下，组分保留时间的重复性，通常以被分离组分的保留时间之差（Δt_R）的相对标准偏差来表示，$RSD\% \leqslant 2\%$ 认为合格。

$$定性重复性：RSD(\%) = \frac{\sqrt{\dfrac{\sum\limits_{i=1}^{5}(\Delta t_{Ri} - \Delta \overline{t_R})^2}{5-1}}}{\Delta \overline{t_R}} \times 100\%$$

式中，Δt_R 为苯与萘的保留时间之差；$\Delta t_{Ri} = t_2 - t_1$；$\Delta \overline{t_R}$ 为苯与萘的保留时间之差的均值，$\Delta \overline{t_R} = \dfrac{\Delta t_{R1} + \Delta t_{R2} + \cdots\cdots \Delta t_{R5}}{5}$。

4. 定量重复性 在同一实验条件下，色谱峰面积（或峰高）的重复性。通常以被分离组分的峰面积比（或峰高比）的相对标准偏差来表示，$RSD\% \leqslant 2\%$ 认为合格。

$$定量重复性：RSD(\%) = \frac{\sqrt{\dfrac{\sum\limits_{i=1}^{5}(S_i - \overline{S})^2}{5-1}}}{\overline{S}} \times 100\%$$

式中，S_i 为苯与萘的峰面积或峰高比，$S_i = \dfrac{s_1}{s_2}$；$\overline{S}$ 为苯与萘的峰面积或峰高比的均值，$\overline{S} = \dfrac{S_1 + S_2 + \cdots\cdots S_5}{5}$。

【实验材料】

1. 仪器 气相色谱仪、氢火焰离子化器、微量注射器（5μl）。

2. 试剂 联苯（$1\mu g/ml$）的环己烷或正己烷溶液、0.05% 苯-萘（1:1）的二硫化碳溶液、高纯氮和氢。

【实验步骤】

1. 实验条件 色谱柱 SE-30（5%），2m×3mm（I.D.）；柱温 140℃；气化室温度 150℃，检测室温度 150℃。载气 N_2：60ml/min，H_2：50ml/min，空气：500ml/min。

2. 检测器的灵敏度和检测限测定 取联苯（$1\mu g/ml$）的环己烷或正己烷溶液进样 $1\mu l$，记录色谱图。将有关数据代入灵敏度和检测限的计算公式，计算 FID 检测器的灵敏度 S 和检测限 D。

3. 定性和定量重复性检查 取 0.05% 苯-萘（1:1）的二硫化碳溶液，进样 $1\sim 5\mu l$，连续进样 5 次，按下表记录。计算定性和定量的重复性。给出结论（合格或不合格）。

定性和定量重复性的测定记录表

1 苯 2 萘	1	2	3	4	5	平均值	SD	RSD%
t_{R1}（min）								
t_{R2}（min）								
Δt_R（min） （$t_{R2}-t_{R1}$）								
s_1								
s_2								
S（s_1/s_2）								

【注意事项】

1. 仪器进行气路密封性检查时，切忌用强碱性肥皂水检漏，以免管路受损。

2. 开机时，要先通载气后再通电，关机时要先断电源后停气。

3. FID 为高灵敏度检测器，必须用高纯氮气（一般纯度>99.999%）、空气和氢气，不点火严禁通 H_2，通 H_2 后及时点火。空气中可能含有有机气体，气体输入前应严格净化。

4. 定量吸取试样，注射器中不应有气泡。每次插入和拔出注射器的速度应保持一致。注射器使用前应先用被测溶液润洗多次，实验结束后用乙醇清洗干净。

5. 可以根据样品的性质确定柱温、气化室和检测器的温度。一般气化室的温度比样品组分中最高的沸点要高。检测器的温度要高于柱温。

【思考题】

1. 选择柱温的原则是什么？检测器温度低于柱温会产生什么影响？

2. 为什么用检测器 D 衡量检测器的性能比用灵敏度 S 更好？

3. 说明苯和萘的出峰顺序。

4. 使用 FID 时，氮气、空气和氢气三者流量之比一般是多少？

（李云兰）

实验四十七　气相色谱的保留值法定性及归一化法定量

【实验目的和要求】

1. 掌握气相色谱保留值法定性分析和归一化法定量分析的一般过程，微量注射器进样的使用。

2. 熟悉气相色谱仪的基本操作。

3. 了解气相色谱仪的结构、性能及使用方法。

【实验原理】

在一定色谱条件（固定相和操作条件）下，各物质均有其确定不变的保留值，因此，可利用保留值的大小进行定性分析。对于较简单的多组分混合物，若其色谱峰均能分开，则可将各个峰的保留值，与各相应的标准样品在同一条件所测的保留值一一进行对照，确定各色谱峰所代表的物质。这一方法是最常用、最可靠的定性分析方法，应用简便。但有些物质在相同的色谱条件下往往具有近似甚至完全相同的保留值，因此，其应用常限制于当未知物已被确定可能为某几个化合物或属于某种类型时作最后的确证。倘若得不到标准物质，就无法与未知物的保留值进行对照，这时，可利用文献保留值及经验规律进行定性分析。对于组分复杂的混合物，则要与化学反应及其他仪器分析法结合起来进行定性分析。

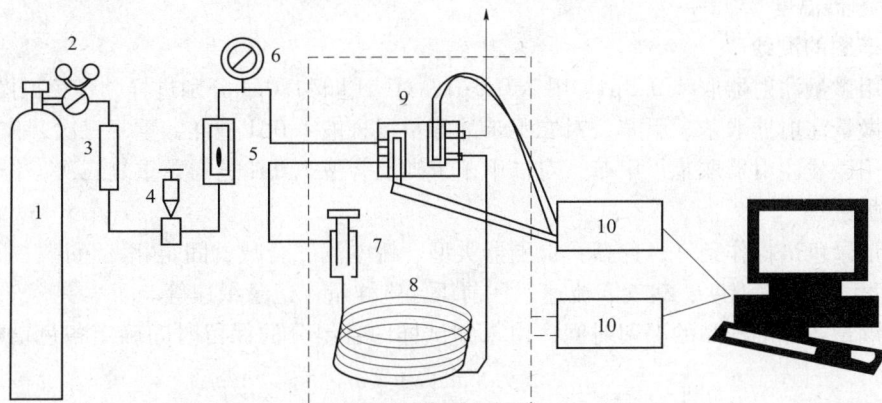

图 47-1　气相色谱仪的基本结构流程示意图
1. 载气钢瓶；2. 减压阀；3. 净化干燥管；4. 针形阀；5. 流量计；6. 压力表；
7. 进样口与气化室；8. 分离柱；9. 热导检测器；10. 信号转换器

　　在气相色谱法中，定量测定是建立在检测信号（色谱峰的面积）的大小与进入检测器组分的量（可以是重量、体积、物质量等）成正比的基础上。当各种操作条件，如色谱柱、温度、流速等保持严格不变时，在一定进样量范围内，色谱峰的半宽度是不变的，因此，可用峰高 h 来定量。实际应用时，由于各组分在检测器上的响应值（灵敏度）不同，即等含量的各组分得到的峰面积不同，故引入了校正因子，可选用一标准组分 s（一般以苯为标准物质）的校正因子 f_s 为相对标准，为此，引入相对校正因子 f_i（即一般所说的校正因子），则被测物 i 的相对校正因子表达为

$$f_i = \frac{f_i}{f_s} = \frac{m_i A_s}{m_s A_I} = \frac{V_i A_s}{V_s A_I} \cdot \frac{\rho_i}{\rho_s}$$

式中，$m = V\rho$，V 为溶液的体积；ρ 为物质的密度。

　　本实验中要测定的苯、甲苯、二甲苯系同系物，可近似认为其密度 ρ 相等。故有：$f_i = V_i A_s / V_s A_i$。得到各组分的 f_i 后，即可由测量的峰面积，用归一化法计算出混合物中各组分的百分含量。其计算公式为

$$c_i\% = A_i f_i / (A_苯 + A_{甲苯} f_{甲苯} + A_{二甲苯} f_{二甲苯})$$

　　使用归一化法进行定量，优点是简便、定量结果与进样量无关、操作条件变化对结果影响较小。但样品的全部组分必须流出，并可测出其信号，对某些不需要测定的组分，也必须测出其信号及校正因子，这是本方法的缺点。

　　本实验用氮气/氢气作载气，邻苯二甲酸二壬酯作固定液，用热导池检测器，检查未知试样中的指定组分。并对苯、甲苯、二甲苯混合试样中各种组分进行定量测定。

【实验材料】
1. 仪器　气相色谱仪、氢气发生器、色谱柱、微量注射器、微量容量瓶。
2. 试剂　苯、甲苯、对二甲苯，以上试剂均为色谱纯。

【实验步骤】

1. 色谱仪的调节

（1）气体流量　载气（N_2）30ml/min；氢气（H_2）40ml/min；空气 400ml/min。

（2）工作温度　采用程序升温，30℃保温 2 分钟，以 2℃/min 升到 40℃，进样器温度 200℃，检测器温度 250℃。

2. 色谱图的测绘

（1）用微量注射器取苯 0.5μl、甲苯 0.5μl、对二甲苯 1.0μl 分别进样，作色谱图。

（2）微量注射器取苯、甲苯、对二甲苯的等量混合液 1.0μl 进样，重复三次，作色谱图。

（3）用微量注射器取苯、甲苯、对二甲苯未知混合液 1.0μl 进样，重复三次，作色谱图。

3. 数据处理

（1）记录色谱操作条件，包括：检测器类型、桥电流、衰减、固定相、色谱柱长及内径、恒温室温度、气化室温度、载气、流速、柱前压、进样量、记录纸速等。

（2）测量各标准样品的保留时间，由未知试样中各组分的保留时间确定各色谱峰所代表的组分。

（3）求出各组分的定量校正因子。

（4）用归一化法求出苯、甲苯、对二甲苯混合液未知试样中各组分的体积百分含量。

【注意事项】

1. 开机前必须先通载气 10~20 分钟，再开主机电源。

2. 不同的载气在不同的操作温度下都有最高桥电流限制，使用时不得超过。在关机前，应将桥电流设置为"零"。

3. 进样器应先用待测液洗 3~5 次才可取样进样，进样时间不超过 1 秒。进样器用完后要用无水丙酮洗净后收藏。使用 1μl 以下的微量进样器时，不得把内芯拔出外筒。

【思考题】

1. 如果实验中各组不是等体积混合，其响应值应如何计算？

2. 如果实验要求测定未知试样各组分的重量百分数，应如何来设计实验？其各组分的响应值是否与本实验求得的值相同？为什么？

（吴　红）

实验四十八　气相色谱内标校正曲线法测定
白酒中甲醇和高级醇的含量

【实验目的和要求】

1. 掌握内标校正曲线法的定量方法。

2. 熟悉气相色谱测定白酒中甲醇和高级醇含量的基本原理。

3. 了解气相色谱仪的基本结构和使用方法。

【实验原理】

在酿造白酒的过程中，不可避免地有甲醇产生。甲醇在人体内氧化为甲醛、甲酸，具有很强的毒性，对神经系统尤其是视神经损害严重，因此国家对白酒中甲醇含量做出严格规定。根据国家标准（GB 10343—89），食用酒精中甲醇含量应低于 0.1g/L（优级）或 0.6g/L（普通级）。白酒中高级醇类（正丙醇、正丁醇、异丁醇、异戊醇）同样需要严格控制含量。

白酒中的甲醇及高级醇类在高温下转变为蒸气后，随流动相流经色谱柱时可得到有效的分离。分离后的各组分经火焰离子化检测器检测，可得到相应组分的色谱峰。根据各组分的保留时间定性；根据各组分的峰面积或峰高定量。本实验采用内标校正曲线法，使用内标法时，在样品中加入一定量的标准物质，它可被色谱柱所分离，又不受试样中其他组分峰的干扰，只要测定内标物和待测组分的峰面积与相对响应值，即可求出待测组分在样品中的百分含量。

本实验以正丁醇为例，测定白酒中高级醇的含量。

【实验材料】

1. 仪器 气相色谱仪（带 FID 检测器）、氢气发生器、空气压缩机、HP－5 色谱柱（30m×0.32mm，0.25μm）、50ml 容量瓶、吸量管，1μl 微量进样器、lml 刻度吸管等。

2. 试剂 甲醇、乙醇、正丁醇（高级醇样品）均为色谱纯，饮用酒样品适量。

【实验步骤】

1. 色谱操作条件

（1）气体流量 载气（N$_2$）30ml/min；氢气（H$_2$）40ml/min；空气 400ml/min。

（2）工作温度 采用程序升温，30℃保温 2 分钟，以 2℃/min 升到 30℃，进样器温度 200℃，检测器温度 230℃。

（3）检测器 氢火焰离子化检测器（FID）。

载气、氢气、空气的流速等色谱条件随仪器而异，应通过试验选择最佳操作条件，以内标峰与样品中其他组分峰获得完全分离为准。

2. 标准醇溶液的配制 分别准确吸取 1.00ml 甲醇、正丁醇用 60% 乙醇定容到 50ml 容量瓶中。

3. 混合醇标准溶液的配制 准确吸取甲醇、正丁醇 0.5ml 用 60% 乙醇定容到 50ml 容量瓶中。

4. 内标液的配制 准确吸取 4ml 叔丁醇于 50ml 容量瓶中定容；再准确吸取 0.5ml 于 50ml 容量瓶中定容。

5. 标准曲线的绘制 分别准确吸取混合醇标准溶液 0.5ml，1.0ml，1.5ml，2.0ml，2.5ml，3.0ml，3.5ml，4.0ml 用 60% 乙醇定容到 10ml 容量瓶中；再分别取上述溶液 0.5ml 加入 0.5ml 内标液，摇匀，备用。

6. 进样 取 1μl 进样，得色谱图。求出 $A_甲/A_{is}$，$A_{正丁醇}/A_{is}$，以 A_x/A_{is} 为纵坐标，c_x 为横坐标，绘制标准曲线。

7. 白酒样品中甲醇和高级醇含量的测定 在相同色谱条件下，吸取 1μl 白酒样品进行分析，分析结果由色谱工作站直接计算得出。样品重复测定 3 次，取平均值，便可得到白酒样品中甲醇和高级醇的含量。

分析结果的计算公式为：

$$\frac{(A_i/A_{is})_样}{(A_i/A_{is})_对}=\frac{c_{i样}}{c_{i对}}$$

【注意事项】

1. 精确进样，进样量的差异直接导致分析误差的产生。

2. 进样器应先用待测液洗 5~6 次才可取样进样，进样时间不超过 1 秒。

3. 开机前应先通载气几分钟；关机时应先退出软件，关闭仪器电源开关，待温度降到近室温时关闭载气。

【思考题】

1. 白酒中的甲醇及高级醇类可否通过外标法或归一法等其他方法定量？

2. 比较内标法与外标法的优缺点。

3. FID 的检测温度如何选择？氢气流量对 FID 的灵敏度有何影响？为什么？

（吴　红）

实验四十九　高效液相色谱仪的性能检查和色谱参数测定

【实验目的和要求】

1. 熟悉高效液相色谱仪的性能检查和色谱参数测定的方法。

2. 掌握色谱柱理论塔板数、理论塔板高度、色谱拖尾因子、色谱图分离度、保留因子、选择性因子（分配系数比）等的计算方法。

3. 了解高效液相色谱仪的一般使用方法。

【实验原理】

1. 高效液相色谱仪的性能检查　各种型号的高效液相色谱仪的性能好坏有不同的方法和考核指标，一般从以下主要性能指标进行考察。

（1）流量精度　仪器流量的精密度，以重复测定流量的相对标准偏差表示。

（2）噪音　由于各种未知的偶然因素所引起的基线起伏。噪音的大小通常用基线带宽（峰-峰值）来衡量，以毫伏（mV）或安培（A）为单位。

（3）漂移　基线朝一定方向的缓慢变化，用单位时间内基线水平的变化来表示，以 mV/h 或 A/h 为单位。

（4）检测限　本实验使用的紫外检测器为浓度型检测器，其检测限为某组分所产生的信号大小等于噪音两倍时，每毫升流动相中所含该组分的量，也称为灵敏度。计算公式为：

$$D = \frac{2N}{S}, \quad S = \frac{A \cdot F}{1000 \times 60 \times m}$$

式中，N 为噪音（mV）；m 为组分的进样量（g）；A 为峰面积（$\mu V \cdot s$）；F 为流动相流量（ml/min）；S 为灵敏度（$mV \cdot ml/g$）。

（5）定性重复性　在同一实验条件下，组分保留时间的重复性，通常以被分离组分的保留时间之差（Δt_R）的相对标准偏差来表示，$RSD\% \leqslant 2\%$ 认为合格。

（6）定量重复性　在同一实验条件下，色谱峰面积（或峰高）的重复性。通常以被分离组分的峰面积比的相对标准偏差来表示，$RSD\% \leqslant 2\%$ 认为合格。

2. 色谱参数　与气相色谱法相似，高效液相色谱参数包括定性参数、定量参数、柱效参数和分离参数等，本实验主要测定下列色谱参数。

（1）理论（有效）塔板数 n（n_{eff}）和理论（有效）塔板高度 H（H_{eff}）　在色谱柱性能测试中，n 是最重要的指标，它反应了色谱柱本身的特征，一般均用它来衡量柱效能。n 愈大，H 愈小，柱效愈高。

$$n = 5.54\left(\frac{t_R}{W_{1/2}}\right), \quad H = \frac{L}{n}$$

$$n_{eff} = 5.54\left(\frac{t'_R}{W_{1/2}}\right), \quad H_{eff} = \frac{L}{n_{eff}}$$

式中，t_R 为保留时间，t'_R 为调整保留时间，$W_{1/2}$ 为半峰宽，L 为柱长。

（2）峰对称性　热力学性质和柱填充的均匀与否，将影响色谱峰的对称性，一般用拖尾因子（或称不对称因子）f_S 来衡量。

$$f_S = \frac{W_{0.05h}}{2A}$$

式中，$W_{0.05h}$ 为 0.05 倍色谱峰高处的色谱峰宽；A 为该处色谱峰前沿和色谱峰顶点至基线的垂线之间的距离。

（3）分离参数　分离度 R 是从色谱峰判断相邻两组分在色谱柱中总分离效能的指标。此外，还有容量因子 k、分配系数比 α 等。

$$R = \frac{2(t_{R_2} - t_{R_1})}{W_1 + W_2} = \frac{1.177(t_{R_2} - t_{R_1})}{W_{1/2}^{(1)} + W_{1/2}^{(2)}}$$

$$k = \frac{t'_R}{t_0} = \frac{t_R - t_0}{t_0}$$

$$a = \frac{K_2}{K_1} = \frac{k_2}{k_1}$$

式中，t_R 为保留时间；W 为峰宽；t_0 为死时间；K 为分配系数。

【实验材料】

1. 仪器　高效液相色谱仪、紫外检测器、ODS 色谱柱、容量瓶（10ml）、微量注射器（≥25μl）。

2. 试剂　苯（A.R.）、奈（A.R.），苯磺酸钠（A.R.），甲醇（色谱醇），二次蒸馏水，苯（1μg/μl）-萘（0.05μg/μl）及苯磺酸钠（0.02μg/μl，用于测定死时间 t_0）的甲醇（或流动相）溶液。

【实验步骤】

1. 色谱条件　流动相：甲醇-水（80∶20）；固定相：C_{18} 反相键合相色谱柱（150×4.6mm，5μm）；检测波长：254nm；流速：1ml/min；柱温：室温；进样量：20μl。

2. 检查流动相流路，检查贮液瓶中流动相是否够用，废液出口是否接好，流速设置是否正确。

3. 流量精度的测定　在指示流量为 1.0ml/min 测定流量，用 10ml 容量瓶在流动相出口处接收流出液，准确记录流出 10ml 所需的时间，换算成流速（ml/min），重复测定 5 次，计算流量的相对标准偏差。同法可以测定流量为 2.0ml/min 和 3.0ml/min 时的流量精度。按下表记录。给出结论（合格或不合格）。

表 1　流量精度测定（1.0ml/min）

指示流量		测得流量				平均值	SD	RSD
（1.0ml/min）	1	2	3	4	5	（ml/min）	（ml/min）	（%）
t/10ml								
ml/min								

4. 基线稳定性（噪音和漂移）测定　待仪器稳定后，将检测器灵敏度放在较高挡（至能测出噪音），记录基线 1 小时。测定基线带宽为噪音。基线带中心的结尾位置与起始位置之差为漂移。

5. 检测限和重复性的测定　待仪器基线稳定后，进样 20µl，记录色谱图，测定 t_0、苯和萘的 t_R、A、h、$w_{1/2}$ 等，重复测定 5 次。按下表记录，以萘计算检测限，以保留时间和峰面积分别计算仪器的定性、定量重复性。给出结论（合格或不合格）。

定性和定量重复性的测定记录表

	1	2	3	4	5	平均值	SD	RSD%
t_0（min）								
$t_{R苯}$（min）								
$t_{R萘}$（min）								
Δt_R（min）								
$A_{苯}$ 或 $h_{苯}$								
$A_{萘}$ 或 $h_{萘}$								
$A_{苯}/A_{萘}$ 或 $h_{苯}/h_{萘}$								

6. 色谱参数的测定　用上述数据计算理论塔板数、理论塔板高度、有效塔板数、有效塔板高度、容量因子、分配系数比、拖尾因子和分离度等。填于下表。

色谱参数的测定结果

次数	苯						萘						α	R
	n	n_{eff}	H	H_{eff}	k	f_s	n	n_{eff}	$H_{萘}$	H_{eff}	k	f_s		
1														
2														
3														
4														
5														

【注意事项】

1. 高效液相色谱中所用的溶剂均需纯化处理。水用新鲜的二次蒸馏水或蒸馏水脱离子处理。

2. 流动相经脱气后方可使用。常用的脱气方法有水泵减压抽吸脱气法、加热回流脱气法、超声波脱气法和吹氦脱气法等，有在线脱气装置的仪器可自动脱气。脱气的目的是避免在泵内产生气泡，影响流量的稳定性，如果有大量气泡，泵就无法正常工作。另外，除去流动相中溶解的气泡，以免流动相流出色谱柱进入检测器样品池时，由于洗脱液压力下降生成气泡，影响检测器正常工作。

3. 防止任何固体颗粒进入泵体。因为尘埃或其他任何微粒都会磨损柱塞、密封圈、缸体、单向阀和堵塞色谱柱等，因此，应预先除去流动相中的任何固体颗粒。流动相最好在玻璃容器内蒸馏，最常用的方法是微孔滤膜（0.22µm 和 0.45µm）过滤，泵的入口都应连接砂滤棒（或片）。输液泵的过滤器应经常清洗或更换。

4. 流动相不应含有任何腐蚀性物质。实验结束后，需要用高含量甲醇冲洗 20~30min。含有缓冲盐的流动相不应保留在泵内，尤其是停泵过夜或更长时间的情况。否则，由于蒸发或泄露，甚至只是静置，就可能析出盐的微细晶体，因此，必须泵入纯水将泵充分清洗后，再换成适合于色谱柱保存和有利于泵维护的溶剂。

5. 泵工作时要防止溶剂瓶内的流动相被用完。否则泵空转也磨损柱塞、缸体或密封环导致泄露。比较先进的仪器在没有流动相时，泵会自动停止运转。输液泵的工作压力不要超过规定的最高压力，否则会使高压密封环变形，产生泄露。

6. 计算塔板数和分离度时，应注意 t_R 和 $W_{1/2}$ 的单位一致。

7. 取样时，先用样品溶液清洗微量注射器几次，然后吸取过量样品，将微量注射器针尖向上，赶去可能存在的气泡。用毕，微量注射器用甲醇或丙酮洗涤数次。

【思考题】

1. 根据反相色谱机制，说明苯和萘在反相色谱中的流出顺序。

2. 流动相在使用前为什么要脱气？

3. 用苯和萘表示的同一色谱柱的柱效能是否一样？

4. 反相色谱中，流动相的 pH 应控制在什么范围内？

5. 检测器和灵敏度有何不同？为什么用检测限而不是灵敏度作为仪器的性能指标？

6. 分配系数比的意义是什么？其主要影响因素有哪些？

7. 如何提高分离度？

（李云兰）

实验五十　高效液相色谱法测定茶叶水中的咖啡因含量

【实验目的和要求】

1. 掌握液相色谱法的基本原理和外标定量分析方法。

2. 掌握高效液相色谱仪的基本操作。

3. 了解高效液相色谱仪的基本结构。

【实验原理】

咖啡因又称咖啡碱，是由茶叶或咖啡中提取而得的一种生物碱，它属黄嘌呤衍生物，化学名称为 1，3，7-三甲基黄嘌呤。咖啡因能兴奋大脑皮层，使人精神兴奋。咖啡中含咖啡因约为 1.2%~1.8%，茶叶中约含 2.0%~4.7%，其分子式为 $C_8H_{10}O_2N_4$，结构式为：

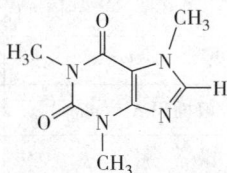

用反相高效液相色谱法将茶叶中的咖啡因与其他组分分离后，将已配制的浓度不同的咖啡因标准溶液也进入色谱系统。如流速和泵的压力在整个实验过程中是恒定的，测定它们在

色谱图上的保留时间 t_R（或保留距离）和峰面积 A 后，可直接用 t_R 定性，用峰面积作为定量测定的参数，采用工作曲线法（即外标法）测定茶叶水的咖啡因含量。

【实验材料】

1. 仪器 高效液相色谱仪，PDAD 检测器；色谱柱：ODS（150×4.6，5μm）柱；微量进样器（50μl）；超声波发生器或真空循环水泵；容量瓶（50ml，100ml）；移液管（2ml，5ml，10ml，15ml）；漏斗；烧杯；0.45μm 混纤微孔过滤膜（或针孔过滤器）；回流冷凝装置；电炉（或电热套）；电子天平。

2. 试剂 咖啡因标准品（纯度98%以上），茶叶水样品，流动相：30%（体积分数）甲醇（色谱纯）+70%（体积分数）高纯水。进入色谱系统前，用超声波发生器或真空循环水泵脱气5分钟。

【实验步骤】

1. 咖啡因系列标准溶液的配制 分别吸取 1.0000mg/ml 的标准咖啡因储备液各 0.00ml、2.00ml、5.00ml、10.00ml、15.00ml 至 5 只 100ml 容量瓶中。用蒸馏水配制成咖啡因浓度分别为 0μg/ml，20μg/ml，50μg/ml，100μg/ml，150μg/ml 的标准系列。

2. 样品的处理 准确称取 0.10g 茶叶，用 20ml 蒸馏水煮沸 10 分钟。冷却后取上层清液。按此步骤再重复一次，将茶叶水全部转移至 50ml 容量瓶中，并定容至刻度。取试样 10.0ml，通过混纤微孔滤膜（或针孔过滤器）过滤，弃去最初的 5ml，保留后 5ml 备用。

3. 色谱条件 流动相：30%（体积分数）甲醇（色谱纯）+70%（体积分数）高纯水；流速：1.0ml/min；柱温：40℃；进样量：50μl；检测波长：273nm。

4. 标准曲线的绘制 分别将咖啡因标准样（浓度由低到高）进样 2 次，每次 5μl，按色谱条件测定每个标准样的色谱峰面积，以峰面积为纵坐标，以咖啡因质量浓度 ρ（μg/ml）为横坐样绘制标准曲线，计算回归方程 $y=ax+b$ 及回归系数 γ。

5. 样品测定 吸取茶叶水作分析液进样，于相同色谱条件下，按照 HP1100 系列高效液相色谱仪基本操作规程分析试液。测定试样的峰面积（平行测定两次），然后根据标准曲线得出样品的峰面积相当于咖啡因的浓度 c（μg/ml）。

6. 实验结果与分析

（1）测定每一个标准样的保留时间。图上进样信号与色谱峰极大值之间的距离。

（2）根据标准试样色谱图中的保留数据，找到并标出试样色谱图中对应咖啡因的色谱峰。

（3）记录每一张色谱图上的峰面积，并对每一个样品求出平均值。

（4）用标准试样的数据作峰面积 A 对质量浓度 ρ（mg/ml）的工作曲线。

（5）从工作曲线上求得试样中咖啡因的质量浓度（mg/ml）。

咖啡因标准品和茶叶水的 HPLC 测定记录表

序号	标样浓度 ρ（μg·ml^{-1}）	保留时间 t_R（min）	进样次数		峰面积平均值 A_S（mm^2）
			1	2	
			峰面积 A_S（mm^2）	峰面积 A_S（mm^2）	
1	0				
2	20				
3	50				

续表

序号	标样浓度 ρ（μg·ml^{-1}）	保留时间 t_R（min）	进样次数		峰面积平均值 A_S（mm^2）
			1	2	
			峰面积 A_S（mm^2）	峰面积 A_S（mm^2）	
4	100				
5	150				
茶叶水	／				
茶叶水中咖啡因的质量浓度（μg/ml）					

【注意事项】

1. 不同品种茶叶咖啡因的含量差异较大，称取的样品量可酌量增减。

2. 若样品和标准溶液需保存，应置于冰箱中。

【思考题】

1. 用标准曲线法定量的优缺点是什么？

2. 根据结构式咖啡因能用离子交换色谱法分析吗？为什么？咖啡因还可采用其他类型的色谱方法吗？

3. 采用咖啡因浓度与色谱峰高作回归曲线，能给出准确的测试结果吗？与本实验的峰面积-浓度回归曲线相比，哪一种方法更好一些？

（范　黎）

实验五十一　高效液相色谱法测定阿莫西林的含量

【实验目的和要求】

1. 掌握高效液相色谱法测定阿莫西林胶囊中阿莫西林的方法。

2. 熟悉高效液相色谱仪的操作和外标定量分析方法。

【实验原理】

阿莫西林（Amoxicilline）又称羟氨苄青霉素，是 β-内酰胺类抗生素，系统命名为（2S，5R，6R）-3，3-二甲基-6-[（R）-（-）-2-氨基-2-（4-羟基苯基）乙酰氨基]-7-氧代-4-硫杂-1-氮杂双环[3,2,0]庚烷-2-甲酸（$C_{16}H_{19}N_3O_5S$）。

阿莫西林的分子结构中有苯环取代基的发色团，能吸收紫外光，因而可用紫外检测器检测。其分子中还有酚羟基和羧基，在中性或碱性流动相中均能解离，因此需要使用 pH<7 的流动相进行分离测定。阿莫西林结构式为：

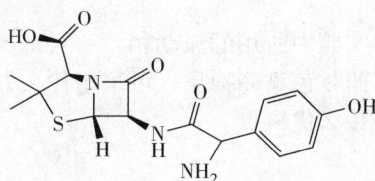

高效液相色谱法测定药物中某个成分时，一般采用外标法进行定量。外标法包括校正曲线法和外标一点法。当校正曲线方程的截距近似等于零时，可用外标一点法。用待测组分的纯品作为对照品配制对照品溶液，取装量差异项下内容物，精密称取适量，配制供试品溶液。对照品溶液和供试品溶液在相同色谱条件下分别进样相同体积进行测定，记录峰面积。用下列公式计算试样中组分的量或浓度：

$$m_i = m_s \times \frac{A_i}{A_s} \text{ 或 } c_i = c_s \times \frac{A_i}{A_s}$$

式中，m_i、m_s、c_i、c_s、A_i、A_s分别为试样溶液中待测组分和对照品溶液中对照品的量、浓度和峰面积。

【实验材料】

1. 仪器 高效液相色谱仪（配备紫外检测器）、C_{18}色谱柱、电子天平（万分之一）。

2. 试剂 阿莫西林对照品，阿莫西林胶囊（规格：0.5g 按 $C_{16}H_9N_3O_5S$ 计），色谱级乙腈，超纯水，磷酸二氢钾氢氧化钾。

【实验步骤】

1. 色谱条件色谱柱 十八烷基硅烷键合硅胶为填充剂，理论塔板数按阿莫西林峰计算应不低于2000。流动相：0.05mol/L 磷酸二氢钾溶液（用 2mol/L 氢氧化钾溶液调节 pH 值至5.0）：乙腈＝97.5：2.5。检测波长：254nm。柱温：室温。流速：1ml/min。

2. 对照品溶液的配制 精密称取阿莫西林对照品 25mg，用流动相溶解并定容至 50ml 容量瓶中。

3. 供试品溶液的制备 取阿莫西林胶囊中的内容物，混合均匀，精密称取适量（约相当于阿莫西林 0.125g），加流动相溶解并定量稀释成每 1ml 中约含 0.5mg 的溶液，滤过，取续滤液，即为供试品溶液。注："精密称取"系指称取重量应准确至所称取重量的千分之一。"精密量取"系指量取体积的准确度应符合国家标准中对该体积移液管的精度要求。

4. 进样分析 分别取对照品溶液和试样溶液，各进样 20μl 进行分析，两种溶液各重复测定三次。

5. 计算 记录阿莫西林对照品溶液和试样溶液的峰面积或者峰高，计算平均值，用外标法以色谱峰面积或峰高计算试样中阿莫西林的量，并计算试样中阿莫西林的含量。

	I	II	III	平均值
对照品峰面积（或峰高）				
试样峰面积（或峰高）				
试样中阿莫西林含量（%）				

【注意事项】

1. 药典规定，以阿莫西林色谱峰计算，理论板数应不低于1700。

2. 手动进样器采用定量环定量，进样时需要多吸取一些溶液，超过定量环的体积，以保证进样体积准确。

【思考题】

1. 可否用其他的流动相代替实验中所用的流动相？

2. 实验过程中如果发现阿莫西林色谱峰拖尾，可采用什么方法改善？

3. 相对于内标法，外标法有什么优缺点？

（范　黎）

第十一章　联用技术实验

实验五十二　气质联用法定性分析
风油精中的薄荷醇

【实验目的和要求】

1. 掌握气质联用仪对待测组分进行定性分析的方法。
2. 熟悉气质联用仪的使用。
3. 了解气质联用仪的基本结构、性能和工作原理。

【实验原理】

质谱法的基本原理是将样品置于高真空的离子源中，采用多种离子化技术，使物质分子失去外层电子而生成分子离子，或化学键断裂生成各种离子碎片。带正电荷的离子经加速电场的作用形成离子束，进入质量分析器，根据它们的质荷比（m/z，离子质量与电荷之比）的差异进行分离，并按 m/z 的顺序及相对强度大小记录的图谱就是质谱图。由于离子的质量和相对强度是各物质特有的，所以可以通过质谱解析对物质结构和成分进行分析。

气相色谱法是一种以气体为流动相的柱色谱分析方法，很适合物质的定量分析，定性分析时可在相同条件下对比对照品和未知组分的保留时间来进行，但对于构成较为复杂的样品来说，气相色谱法很难给出准确可靠的定性结果。

气质联用仪是由气相色谱仪、质谱仪、接口和数据处理系统几大部分组成。气质联用仪是将气相色谱仪和质谱仪通过接口连接起来，复杂样品在气相色谱仪的作用下分离成单组分物质进入质谱仪中进行分析检测，具有较好的定性分析功能。GC 的强分离能力与质谱法的结构鉴定能力结合在一起，使 GC-MS 技术成为挥发性复杂混合物定性和定量分析的重要手段。

风油精主要由薄荷脑、樟脑、水杨酸甲酯等多种药物配以香料制成，具有特殊的香气，味凉而辣。主要含有薄荷醇、樟脑、水杨酸甲酯、桉油和丁香酚等多种挥发性组分。在对风油精中主要成风薄荷醇进行定性分析时，依据风油精和薄荷醇对照品的总离子流图，通过比较总离子流图薄荷醇的特征峰值进行定性鉴别分析。气相色谱–质谱联用（GC-MS）技术，可大大提高挥发油分析鉴定的速度和研究水平。

【实验材料】

1. **仪器**　气相色谱–质谱联用仪，1ml 可调移液枪，微量进样器 1μl×2 支，微孔滤膜，容量瓶 10ml×2 只、50ml×1 只，烧杯等。
2. **试剂**　甲醇（色谱纯）、薄荷醇（对照品），市售风油精。

【实验步骤】

1. **对照品溶液配制**　精密称取薄荷醇对照品 0.1mg，置于 10ml 容量瓶中，加甲醇溶解，定容到刻度线，微孔滤膜过滤后备用。

2. 样品溶液的配制　称取风油精 1.02g，置入 50ml 容量瓶中，加入甲醇溶解并稀释至刻度，制得样品储备液。吸取样品储备液 1.00ml，置 10ml 容量瓶中，加甲醇稀释至刻度，摇匀，微孔滤膜过滤后备用。

3. 色谱条件

（1）气相色谱条件（参考）　HP-5 弹性石英毛细管柱（17m×0.32mm×1.05μm）。载气：氦气；进样方式：分流；流速控制方式：压力；压力：70kPa；吹气流量：3.0ml/min；分流比：10∶1；柱温升温程序为：初始温度 60℃，恒温 1min，以 2℃/min 升至 120℃，再以 20℃/min 升至 220℃，保持 5min。进样口温度：230℃，保持 15min。

（2）质谱条件（参考）　离子源温度：200℃；接口温度：300℃；溶剂切除时间：2.5min；质谱扫描时间范围：3.50~15min；质量扫描范围：30~500amu。

4. 样品检测

（1）将 1μl 的风油精待测样注入气相色谱仪中，得到风油精的总离子流色谱图（TIC）。

（2）在相同测试条件下，往气相色谱仪中注入 1μl 的薄荷醇对照品溶液，获取薄荷醇对照品的总离子流图。

5. 数据分析　通过对比风油精试样和薄荷醇对照品溶液的总离子流图，找到风油精试样中薄荷醇对应的位置；读取试样中薄荷醇的质谱图，在质谱图谱库中自动检索，进一步证实风油精中薄荷醇成分的存在。

6. 保存　用丙酮对微量注射器进行清洗后保存于干燥、洁净处。

【注意事项】

1. 严禁无载气通过时高温烘烤色谱柱，以免造成固定液被氧化流失而损坏色谱柱。

2. 使用的载气必须是纯度为 99.9% 以上的高纯度氦气。

3. 柱接头螺帽不要上得太紧，太紧了压碎石墨圈反而容易造成漏气，一般用手拧紧后再用扳手紧四分之一圈即可。

4. 气质联用法中待分析样品必须是低沸点、难分解和有一定挥发性的物质。

【思考题】

1. 为什么进行质谱分析时必须抽真空，使仪器的真空度达到一定的要求？

2. 气相色谱法和质谱法两者联用有什么优点和局限性？

3. 怎样进行特征离子的选择？

4. 气质联用仪中各组成部分的作用是什么？

（范　黎）

实验五十三　HPLC-MS 法鉴定复方中药中的活性组分

【实验目的和要求】

1. 熟悉高效液相色谱-质谱联用（HPLC-MS）的分析方法。

2. 了解 HPLC-MS 基本操作原理和一般操作方法。

【实验原理】　高效液相色谱-质谱联用（HPLC-MS）分析技术为中药化学成分的分析鉴

别提供了简便准确可靠的方法。质谱是一种新兴且发展比较迅速的技术，其中飞行时间质谱仪（TOF-MS）能提供精确质量数的测定，具有检测灵敏度高，测定化合物质荷比精确、离子扫描范围宽、扩大扫描范围不损失检测灵敏度的优点，现已广泛用于中药及生物样品的分离分析。因此，采用 HPLC-TOFMS 方法可以在线获取分析样品中各化合物离子的精确质荷比，对比化学成分数据库，可迅速对中药复方中化学成分进行快速分析鉴别。

TOF（time of flight）质谱原理如图 11-1 所示。

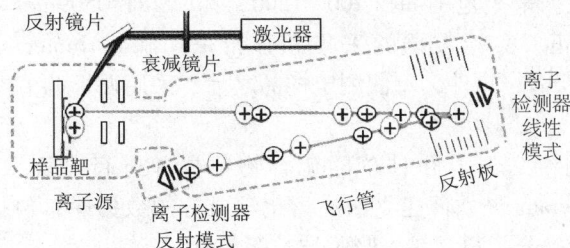

图 11-1　TOF 质谱原理示意图

本实验选用四逆汤为中药复方研究对象，采用 HPLC-TOFMS 分析技术对四逆汤中的化学成分进行快速分析鉴别。化合物鉴别策略示意图如图 11-2 所示。

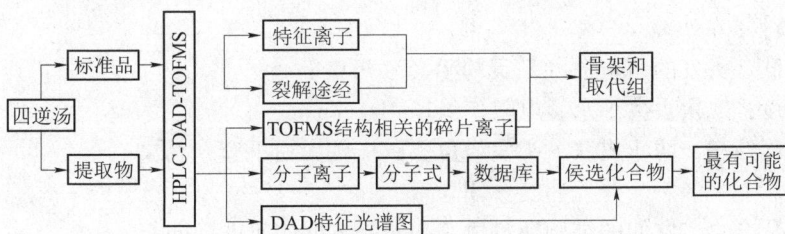

图 11-2　化合物鉴别策略示意图

【实验材料】

1. 仪器　高效液相色谱-质谱（HPLC-MS）检测器

2. 试剂　苯甲酰新乌头原碱、次乌头碱、甘草苷、甘草酸和甘草次酸、甘草素、异甘草素、6-姜酚、8-姜酚和10-姜酚，上述材料均为标准品。附子、甘草和干姜为中药材。色谱级甲醇、乙腈、甲酸、超纯水。

【实验步骤】

1. 样品制备　四逆汤采用以下方法制备：分别称取附子、干姜、甘草粉末 60g、40g 和 60g，用 1600ml 纯净水浸泡 1 小时，煎煮 2 小时，趁热用四层纱布过滤，再向滤液中加入 2 倍体积乙醇沉淀多糖和蛋白，于 4℃ 冰箱静置 24 小时，过滤，60℃ 减压回收溶剂，加去离子水复溶使样品溶液的浓度相当于原药材，约为 4.0g/ml。

取 250μl 已制备好的四逆汤至 50ml 容量瓶，加去离子水稀释到刻度，用 0.22μm 微孔滤膜滤过，取续滤液作为供试品溶液。

2. 色谱条件　液相色谱是 Agilent 1100 液相色谱系统。色谱分离使用 Shiseido Capcell Pak C$_{18}$（3.0mm×100mm，3μm）色谱柱。流动相 A 为 0.1% 的甲酸水溶液，流动相 B 为乙腈，采用梯度洗脱，梯度设置如下：0~10 分钟，5%~15%B；10~18 分钟，15%~18% B；18~20 分钟，18%~22% B；20~35 分钟，22%~25% B；35~45 分钟，25%~30% B；45~70 分钟，

30%~40% B；70~80 分钟，40%~60% B；80~85 分钟，60%~65% B；85~90 分钟，65%~65% B。平衡色谱柱 10 分钟，流速 600μl/min，柱温为 30℃。

检测器为 Agilent 公司 6220 DAD/TOF-MS。采用三通分流阀，通过电喷雾离子源（ESI），使大约 1/2 体积的液相洗脱液进入质谱检测。DAD 扫描范围 200~400nm，检测波长为 254nm。质谱采用正离子模式进行检测，检测参数：电离电压 4000V，干燥气流速 10L/min，喷雾气压，干燥气温 350℃，skimmer 60V，八极杆电压 37.5V，八极杆射频电压 250V；120V~380V 动态调节碎片电压，数据采集范围 m/z 100~1200，选取 121.0509m/z 和 922.0098m/z 的内标离子作实时质量数校正。实验数据的采集和分析采用 MassHunter software version B.02.00（Agilent Technologies，USA）软件，每次测定样品之前，采用混标调节液（Turning mixture）校准质量轴。

检索文献中有关附子、干姜和甘草的化合物数据并进行全面收集整理，利用安捷伦"Formula_Database_Generator"软件建立四逆汤化学成分的数据库，包括化合物名称、植物来源、结构、化学式、精确分子量、最大吸收波长等信息。

3. 供试品检测 取供试品溶液 400μl，加入乙腈 800μl，涡旋 30s，10800r/min 离心 10 分钟。吸取 900μl 上清液于 30℃ 水浴中 N₂ 流吹干，残渣加 150μl 甲醇复溶，离心，取上清液 5μl 进样分析。同法制备并进样各标准品溶液。四逆汤中的靶标成分通过对比标准品的保留时间，紫外吸收光谱图和质谱图进行鉴别。

【注意事项】

1. 防止皮肤、头发的角蛋白（戴无粉手套）污染。
2. 水的纯度：二次去离子水，电阻率≥18MΩ·cm。
3. 保持样品纯净，防止皮肤、头发的角蛋白（戴无粉手套）污染。

【思考题】

1. 对未知化合物，它们的结构通过质谱和光谱数据如何进行推断？
2. 质谱的分类主要有哪些？分别适合于鉴定什么样品？
3. TOF-MS 与其他质谱分析方法相比有何优缺点？
4. 对未知化合物，它们的结构通过质谱和光谱数据如何进行推断？

（范　黎）

第十二章　综合设计实验

实验五十四　葡萄糖酸钙锌口服液中
钙和锌的含量测定

【实验目的和要求】

1. 掌握综合设计实验的步骤与设计方法。

2. 充分应用学习的知识将其综合运用。

3. 学会设计葡萄糖酸钙锌口服液中钙和锌的含量测定。

【实验提示】

葡萄糖酸钙锌口服液是一种非处方药物，用于治疗因缺钙、锌引起的疾病，包括骨质疏松，手足抽搐症，骨发育不全，佝偻病、妊娠妇女和哺乳期妇女、绝经期妇女钙的补充，小儿生长发育迟缓，食欲缺乏，厌食症，复发性口腔溃疡以及痤疮等。为无色至淡黄色的液体。

【实验任务】

1. 背景知识

请通过查阅相关文献资料，完成下列任务。

（1）葡萄糖酸钙锌口服液中钙和锌的存在形式及其药典中的鉴别方法（100 字内）。

_____

_____

_____

（2）简述实验的设计思路。

_____

_____

_____

_____

2. 实验设计（实验设计思路正确、方法得当。）

（1）实验原理

_____

_____

_____

_____

（2）仪器与试剂

_____

_____

_____

（3）实验步骤

_____

_____

_____

3. 实验操作 仪器、试剂使用规范；数据记录真实、及时、准确；注意操作的安全、环保。

数据记录：

_____

_____

_____

【实验总结】

1. 实验讨论

各组间比较各自测定方法的难易度和测定结果的可靠性，分析原因？

2. 思考题（共 1 分，得分_____）

（1）药典的中测定该口服液中钙和锌的方法是什么？

（2）除你采用的方法之外还有哪些方法？其测定原理各是什么？

（白慧云）

实验五十五　胃舒平药片中 Al_2O_3 及 MgO 的含量测定

【实验目的和要求】

1. 掌握综合设计实验的步骤与设计方法。

2. 充分应用各种分析方法设计出胃舒平药片中 Al_2O_3 及 MgO 的含量。

【实验提示】

胃舒平是一种临床上常用的治疗胃酸过多的胃药，其主要成分为氢氧化铝、三硅酸镁及少量中药颠茄流浸膏，在制片加工过程中，还加入了大量的糊精等赋形剂。

【实验任务】

请通过图书馆和网络等形式查阅相关文献资料，完成下列任务。

1. 药典中胃舒平药片的主要成分、辅料等，Al_2O_3 与 MgO 的配比情况，其中 Al_2O_3 及 MgO 的含量有否测定，怎样测定。

_____

_____

_____

_____

2. 写出你拟采用实验的基本原理

_____

_____

_____

3. 仪器与试剂

_____

_____

_____

4. 实验步骤

_____

_____

_____

5. 数据记录

_____

_____

_____

6. 含量计算与结果分析

_____

_____

_____

_____

【实验总结】

1. 实验讨论

各实验小组间比较各自测定方法的难易度和测定结果的可靠性，并分析其原因？

2. 思考题

（1）铝离子和镁离子含量测定的方法还有哪些？为什么采用配位滴定法测定时不宜采用直接滴定法？

（2）在滴定中能否使用 F^- 掩蔽 Al^{3+}，而直接测定 Mg^{2+}？

（3）在测定镁离子时，为什么要加入三乙醇胺？

（陈　璇）

实验五十六　生物缓冲溶液的配制及pH值的测定和调校

【实验目的和要求】

1. 掌握溶液pH值测定的基本原理与方法。

2. 理解生物缓冲溶液的配制方法。

3. 了解用pH标准溶液定位的意义和温度补偿装置的作用。

【实验提要】

生物缓冲溶液在生物实验中对实验体系pH值的缓冲和稳定具有重要作用，本实验通过对生物缓冲溶液pH值的调节和测定帮助学生理解酸度计的工作原理和性能检验方法。

【实验材料】

酸度计，磁力搅拌器，分析天平，烧杯等。

【实验步骤】

1. 酸度计性能的检验：酸度计示值准确性和重现性测定。

2. 生物缓冲液的配制及pH调节。

【实验要求】

1. 查阅资料，设计合理的酸度计性能检验方案。

2. 了解生物实验中常用缓冲溶液的配制方法，配制2~3种常用生物缓冲溶液并调节其pH值。如PBS缓冲液、Tris-HCl缓冲液、TBS缓冲液及枸橼酸盐缓冲液等。

3. 设计的实验方案及所需器皿、试剂、试药必须预先做出书面报告。

4. 要求设计的实验方案合理可行，实验条件具备。

5. 要求在规定的时间内，完成实验内容。

（管　潇）

实验五十七　火焰原子吸收法工作条件的选择及肝素钠中杂质钾盐的含量测定

【实验目的和要求】

1. 掌握火焰原子吸收分光光度法仪器工作条件的选择方法；原子吸收分光光度法进行元素定量分析的基本原理；原子吸收分光光度计的基本操作技术。

2. 了解原子吸收分光光度计的基本构造。

【实验原理】

火焰原子吸收法的灵敏度、准确度、干扰情况和分析过程除与所用仪器有关外，在很大程度上取决于实验条件因此必须严格选择和控制最佳实验条件。本实验以优化钾的实验条件为例，对相关实验因素进行优化。

仪器最佳工作条件的选择，可以采用单因素试验法，正交试验法和单纯形法等。本实验采用单因素试验法。在查阅文献资料的基础上，获得仪器的参考工作条件。固定除考察的工作条件之外的其他条件不变，使考察的工作条件在一定范围内变化，记录其在不同条件下同一标准溶液的吸光度，选择吸光度大，稳定性好的工作条件为该仪器的一个最佳条件，并取代原参考工作条件中的这个条件。这样逐一测试、选择、取代，最后即得到该元素在这台仪器上测定某元素的最佳工作条件。

【实验仪器】

原子吸收分光光度计、乙炔钢瓶、无油空气压缩机等。

【实验步骤】

1. 各种试剂的配制 制备标准系列溶液及试样。
2. 仪器工作条件的选择 分析线，灯电流、狭缝宽度、燃烧器高度等参数的优化。
3. 标准系列溶液和试样吸光度的测定。

【实验要求】

1. 查阅资料，设定合适的实验条件选择范围。
2. 设计的实验方案及所需器皿、试剂、试药必须预先做出书面报告。
3. 列出实验原理、相关实验内容和具体实验过程，阐明试剂和试样用量等实验细节。
4. 完成实验内容，认真记录实验现象及实验结果，对试验结果进行正确处理和讨论。

（管　潇）

实验五十八　高效液相色谱法测定血浆酮洛芬的含量

【实验目的和要求】

1. 掌握高效液相色谱定量分析的基本原理与方法；高效液相色谱仪的基本操作技术。
2. 了解高效液相色谱仪的基本构造；血液样品的前处理方法；高效液相色谱法在体内药物浓度测定中的应用。

【实验原理】

高效液相色谱法是一种以液体为流动相的高效、快速分离分析方法。因在固定相和流动相之间分配系数的差异，导致各组分在固定相上的保留程度不同。固定相一般为表面积很大的微细颗粒，目前应用最广的固定相是化学键合固定相，即通过化学反应的方法将固定液键合到载体表面上。如 C_{18} 固定相，就是将正构烷烃 $C_{18}H_{35}$ 基团键合到硅胶表面，形成非极性表面，通常称为 C_{18} 柱，或者 ODS 柱。流动相一般为极性或者非极性溶剂，如甲醇、乙腈和正己烷。将流动相极性低而固定相极性高的色谱称为正相色谱，常用于分离极性和强极性物质；反之，流动相极性高而固定相极性低的色谱成为反相色谱，常用于分离非极性和弱极性物质。高相液相色谱的大部分工作都是在反相色谱上完成。

酮洛芬是 2-芳基丙酸类非甾体抗炎药，临床上用于解热、镇痛及治疗类风湿性关节炎等疾病。本实验采用内标法进行定量分析，即将加有等量内标物萘普生的不同浓度的酮洛芬系列标准血浆溶液和待测血浆溶液等体积注入恒定的色谱系统，测定它们的峰面积或峰高比。以峰面积或峰高比值对标准溶液浓度绘制标准曲线，可求解样品中酮洛芬的含量。

【实验材料】

1. 仪器 高效液相色谱仪、ODS 色谱柱、色谱数据工作站、超声波清洗器、涡旋混合器、离心机，100ml 量筒、10ml 容量瓶 6 个、1ml 移液管 4 支、EP 管 5 个。

2. 试剂 1000mg/L 酮洛芬和萘普生标准储备液：精密移取酮洛芬和萘普生对照品各100mg，用少量甲醇（G. R.）溶解后，移至 100ml 容量瓶，加甲醇定容，配成浓度为 1000mg/L 的酮洛芬和萘普生标准储备液，4℃保存备用。

2.5mmol/L 磷酸缓冲液（pH 6.8）：准确称取分析纯 $NaH_2PO_4 \cdot 12H_2O$ 1.56g，溶解后转移至 2L 容量瓶中，用水稀释至刻度，摇匀；准确称取分析纯 $Na_2HPO_4 \cdot 12H_2O$ 3.58g，溶解后转移至 2L 容量瓶中，用水稀释至刻度，摇匀；两者按 1:1 比例混合后得到 pH 6.8 的缓冲溶液，用 0.45μm 水相滤膜过滤后备用。

萘普生内标工作液：将萘普生标准储备液稀释至浓度为 25mg/L 的工作液，4℃保存备用。

乙腈（G. R.），超纯水。

【实验步骤】

1. 仪器工作条件 流动相：乙腈：5mmol/L 磷酸缓冲液=43:57，使用前超声脱气；流速：1.0ml/min；柱温：室温；进样量：20μl；检测波长：262nm。

2. 血浆样品处理 精密移取血浆 500μl，加入内标工作液 100μl（空白样品不加内标），再加入 100μl 1mol/L HCl 溶液和乙醚 3ml，旋涡 5 分钟后，于 6000r/min 条件下离心 5 分钟，准确吸取有机相于离心管中，室温下氮气吹干。残渣加入流动相 200μl，旋涡振荡 30 秒，离心后取上清液 20μl 进样。

3. 酮洛芬标准溶液的配制

（1）200.0μg/ml 工作液的配制 吸取酮洛芬标准储备液 2ml，移入 10ml 容量瓶，定容，混匀。

（2）100.0μg/ml 工作液的配制 吸取酮洛芬标准储备液 1ml，移入 10ml 容量瓶，定容，混匀。

（3）50.0μg/ml 工作液的配制 吸取酮洛芬标准储备液 0.5ml，移入 10ml 容量瓶，定容，混匀。

（4）10.0μg/ml 工作液的配制 吸取 100.0μg/ml 工作液 1ml，移入 10ml 容量瓶，定容，混匀。

（5）5.0μg/ml 工作液的配制 吸取 50.0μg/ml 工作液 1ml，移入 10ml 容量瓶，定容，混匀。

（6）1.0μg/ml 工作液的配制 吸取 10.0μg/ml 工作液 1ml，移入 10ml 容量瓶，定容，混匀。

（7）将（1）~（6）的酮洛芬标准工作液分别与空白血浆（1:9）配制成浓度为 0.1μg/ml、0.5μg/ml、1.0μg/ml、5.0μg/ml、10.0μg/ml、20.0μg/ml 的系列血浆右旋酮洛芬标准溶液，并各加入内标工作液 10μl，按实验内容 2 处理血浆样品，进行色谱分离测定。

4. 标准品进样 流动相新鲜配制，脱气，待基线稳定后，用 50μl 微量进样器分别按血浆标准溶液浓度递增的顺序进样 20μl，待酮洛芬峰完全出来后，命名文件名后保存，并记录峰面积。

5. 待测品进样 清洗完进样器后，进 20μl 待测样品进行分析，命名文件名后保存，并记录色谱图数据和样品浓度。

6. 试验结果和数据处理

（1）根据紫外扫描结果，确定检测波长 λ。

（2）以标准溶液与内标物峰面积比值为纵坐标，以标准溶液浓度为横坐标，绘制标准曲线，得到一元线性回归方程和相关系数。

（3）测量样品峰面积比值，从标准曲线中即可查得血样中酮洛芬的浓度。

【注意事项】

1. 流动相应选用色谱纯试剂和超纯水，酸碱液及缓冲液需经过滤后使用，过滤时注意区分水系膜和油系膜的使用范围；

2. 水相流动相需经常更换（一般不超过 2 天），防止长菌变质；

3. 如所用流动相为含盐流动相，反相色谱柱使用后，先用水或低浓度甲醇水（如 5% 甲醇水溶液），再用甲醇冲洗。

4. 不要高压冲洗柱子，色谱柱在不使用时，应用甲醇冲洗，取下后紧密封闭两端保存；

5. 高效液相色谱仪先以所用流动相冲洗系统一定时间（如所用流动相为含盐流动相，必须先用水冲洗 20 分钟以上再换上含盐流动相），正式进样分析前 30 分钟左右开启 D 灯或 W 灯，以延长灯的使用寿命。

6. 使用手动进样器进样时，在进样前和进样后都需用洗针液洗净进样针筒，洗针液一般选择与样品液一致的溶剂，进样前必须用样品液清洗进样针筒 3 遍以上，并排除针筒中的气泡。

7. 实验结束后，一般先用水或低浓度甲醇水溶液冲洗整个管路 30 分钟以上，再用甲醇冲洗。冲洗过程中关闭 D 灯、W 灯。

8. 关机时，先关闭泵、检测器等，再关闭工作站，然后关机，最后自下而上关闭色谱仪各组件，关闭洗泵溶液的开关。

9. 使用者须认真履行仪器使用登记制度，出现问题及时向老师报告，不要擅自拆卸仪器。

【思考题】

1. 如果流动相含盐类缓冲溶液，实验完毕后，为何要清洗泵头？

2. 流动相为何需脱气？

（管　潇）

附录

附录一　常用玻璃仪器图例和用法

仪　器	一般用途	使用方法和注意事项	理　由
烧杯	1. 反应容器，尤其在反应物较多时用，易混合均匀 2. 也用作配制溶液时的容器或盛水器 3. 简易水浴的盛水器	1. 反应液体不能超过烧杯用量的 2/3 2. 加热时放在石棉网上，使受热均匀 3. 刚加热后不能直接置于桌面上，应垫以石棉网	1. 防止搅动时液体溅出或沸腾时液体溢出 2. 防止玻璃受热不均匀而遭破裂
锥形瓶	1. 反应容器，加热时可避免液体大量蒸发 2. 振荡方便，用于滴定分析的滴定操作	同"烧杯"	同"烧杯"
量筒	粗量一定体积的液体用的	1. 不能作为反应容器，不能加热，不可量热的液体 2. 读数时视线应于液面水平，读取与弯月面最低点相切的刻度 3. 量取 50ml 以上误差可达 ±1～10ml；量取 50ml 以下误差在 ±0.1～0.5ml	1. 防止破裂容积不准确 2. 读数准确
表面皿	1. 用来盖在蒸发皿、烧杯等容器上，以免溶液溅出或灰尘落入 2. 作为称量试剂的容器（准确度要求不高时）	1. 不能用火直接加热 2. 作盖用时，其直径应比被盖容器略大 3. 用于称量时应洗净烘干	防止破裂

仪　　器	一般用途	使用方法和注意事项	理　　由
吸量管 移液管	精确移取一定体积的液体用	1. 使用"示指"按住管口 2. 写"吹"字的停留半分钟后应吹出，没写"吹"字的靠半分钟即可 3. 移取溶液时要用移取液润洗 4. 吸管用后立即清洗，置于吸管架（板）上，以免玷污 5. 具有精确刻度的量器，不能放在烘箱中烘干，不能加热 6. 精密读取至±0.01ml	1. 确保量取准确，制管时已考虑 2. 确保所取液浓度或纯度不变
容量瓶	配制标准溶液或准确稀释时用	1. 溶质先在烧杯内全部溶解，然后移入容量品瓶 2. 不能加热，不能用毛刷洗刷 3. 不能代替试剂瓶用来存放溶液 4. 读取度准至±0.01ml 5. 不能放在烘箱内烘干 6. 瓶的磨口瓶塞配套使用，不能互换	1. 配制准确 2. 避免影响容量瓶容积的精确度
称量瓶	用于准确称量一定量的固体	1. 盖子是磨口配套的，不得丢失、弄乱 2. 用前应洗净烘干不用时应洗净，在磨口处垫一小纸条 3. 不能直接用火加热	1. 易使药品沾污 2. 防止粘连，打不开玻璃盖 3. 玻璃破裂
滴管	吸取少量（数滴或 1-2ml）试剂	1. 溶液不得吸进橡皮头 2. 用后立即洗净内、外管壁 3. 吸取少量（数滴或 1-2ml）试剂	

仪 器	一般用途	使用方法和注意事项	理 由
酸式滴定管　碱式滴定管	用于滴定或准确量取一定的体积的液体	1. 滴定管要洗净，溶液流下时管壁不得挂有水珠 2. 洗净后，装液前用预装溶液淋洗三次 3. 用滴定管夹夹住，固定在滴定台架上 4. 酸式管滴定时，用左手开启旋塞，碱管用左手轻捏橡皮管内玻璃珠，溶液即可放出 5. 滴定管用后应立即洗净 6. 不能加热或量取热的液体，不能用毛刷洗涤内管壁	1. 保证溶液浓度不变 2. 防止将旋塞拉出而喷漏，便于操作。赶出气泡是为读数准确
干燥器	1. 内放干燥剂。存放物品，以免物品吸收水汽 2. 定量分析时，将灼烧过的坩埚放在其中冷却	1. 灼烧过的物品放入干燥器前，温度不能过高，并在冷却过程中要每隔一定时间开一开盖子，以调节器内压力 2. 干燥器内的干燥剂要按时更换 3. 小心盖子滑动而打破	以保持一定的相对湿度
洗瓶	1. 用蒸馏水洗涤彻底沉淀和容器用 2. 塑料洗瓶使用方便、卫生 3. 装适当的洗涤液洗涤沉淀	1. 不能装自来水 2. 塑料洗瓶不能加热	
滴瓶	盛放液体试剂和溶液	1. 不能加热 2. 棕色瓶盛放见光易分解或不稳定的试剂 3. 取用试剂时，滴管要保持垂直，不接触受容器内壁，不能插入其他试剂中	

仪 器	一般用途	使用方法和注意事项	理 由
  试剂瓶 细口瓶 氧气 广口瓶	1. 广口瓶盛放固体试剂 2. 细口瓶液体试剂和溶液	1. 不能直接加热 2. 取用试剂时，瓶盖应倒放再桌上，不能弄脏、弄乱 3. 有磨口塞的试剂瓶不用时应洗净，并再磨口处垫上纸条 4. 盛放碱液时用橡皮塞，防止瓶塞被腐蚀粘牢 5. 有色瓶盛见光易分解或不太稳定的物质的溶液或液体	1. 防止破裂 2. 防止玷污 3. 防止粘连，不易打开 4. 防止碱液与玻璃作用，使塞子打不开 5. 防止物质分解或变质
 比色管	在目视比色法中，用于比较溶液颜色颜色的深浅	1. 一套比色管应由同一种玻璃制成，且大小、高度、形状应相同 2. 不能用试管刷刷洗，以免划伤内壁 3. 比色管应放在特制的、下面垫有白色瓷板或配有镜子的木架上	
 吸滤瓶和布式漏斗	两者配套，用于无机制备中晶体或粗颗粒沉淀的减压过滤。当沉淀量少时，用小号漏斗与过滤管配合使用	1. 滤纸要略小于漏斗的内径，才能贴紧 2. 先开抽气管，再过滤。过滤完毕后，先分开抽气管与抽滤瓶的连接处，后关抽气管 3. 不能用火直接加热 4. 注意漏斗与滤瓶大小配合 5. 漏斗大小与过滤的沉淀或晶体量的配合	1. 防止滤液由边上漏滤，过滤不完全 2. 防止抽气管水流倒吸 3. 防止玻璃破裂
 漏斗	1. 过滤 2. 引导溶液入小口容器中 3. 粗颈漏斗用于转移固体	1. 不能用火直接灼烧 2. 过滤时，漏斗颈尖端必须紧靠承接滤液的容器壁 3. 长颈漏斗作加液时斗颈应插入液面内	1. 防止破裂 2. 防止滤液漏出 3. 防止气体自漏斗泄出

续表

仪　器	一般用途	使用方法和注意事项	理　由
分液漏斗	1. 用于液体分离、洗涤和萃取 2. 气体发生器装置中加液用	1. 不能加热 2. 使用前，将活塞涂一薄层凡士林，插入转动直至透明。如分水岭少了，会造成漏夜；太多会溢出沾污仪器和试液 3. 分液时，下层液体从漏斗管流出，上层液体从上口倒出 4. 漏斗间活塞应用细绳系于漏斗颈上，防止滑出跌碎 5. 萃取时，振荡处期应放气数次，以免漏斗内气压过大	1. 防止玻璃破裂 2. 旋塞旋转灵活，又不漏水 3. 防止分离不清 4. 防止气体自漏斗管喷出
滴液漏斗	滴液漏斗用于反应中滴加液体	1. 不能加热 2. 使用前，将活塞涂一薄层凡士林，插入转动直至透明 3. 装气体发生器时漏斗管应插入液面内（漏斗管不够长，可接管） 4. 漏斗间活塞应用细绳系于漏斗颈上，防止滑出跌碎	同"分液漏斗"

（高金波）

附录二　常用浓酸浓碱的密度、含量和浓度

试剂名称	密度（g/ml）	含量（%）	浓度（mol/L）
盐酸	1.18~1.19	36~38	11.6~12.4
硝酸	1.39~1.40	65.0~68.0	14.4~15.2
硫酸	1.83~1.84	95~98	17.8~18.4
磷酸	1.69	85	14.6
高氯酸	1.68	70.0~72.0	11.7~12.0
冰醋酸	1.05	99.8（优级纯） 99.0（分析纯）	17.4
氢氟酸	1.13	40	22.5
氢溴酸	1.49	47.0	8.6
氨水	0.88~0.90	25.0~28.0	13.3~14.8

附录三　常用式量表

（以 2005 年公布的相对原子质量计算）

分子式	分子量	分子式	相对分子量
AgBr	187.772	乙二胺四乙酸	292.2457
AgCl	143.321	（$H_4C_{10}H_{12}O_8N_2$）	
AgI	234.772	H_2CO_3	62.0251
$AgNO_3$	169.873	$H_2C_2O_4$（草酸）	90.0355
Al_2O_3	101.9612	$H_2C_2O_4 \cdot 2H_2O$（二水草酸）	126.0660
$Al(OH)_3$	78.0036	HCl	36.4606
$Al_2(SO_4)_3 \cdot 18H_2O$	666.4288	$HClO_4$	100.4582
As_2O_3	197.8414	HNO_3	63.0129
$BaCO_3$	197.336	H_2O	18.0153
$BaCl_2 \cdot 2H_2O$	244.263	HI	127.9124
BaO	153.326	H_3PO_4	97.9953
$Ba(OH)_2 \cdot 8H_2O$	315.467	H_2S	34.0819
$BaSO_4$	233.391	H_2SO_4	98.0795
$CaCO_3$	100.0872	I_2	253.809
$CaC_2O_4 \cdot H_2O$	146.1129	$H_2C_4H_4O_6$（酒石酸）	150.09
CaCl	110.9834	$KAl(SO_4) \cdot 12H_2O$	474.3904
CaO	56.0774	KBr	119.0023
$Ca(OH)_2$	74.093	$KBrO_3$	167.0005
CO_2	44.0100	K_2CO_3	138.206
CuO	79.545	$K_2C_2O_4 \cdot H_2O$	184.231
$Cu(OH)_2$	97.561	KCl	74.551
Cu_2O	143.091	$KClO_4$	138.549
$CuSO_4 \cdot 5H_2O$	249.686	K_2CrO_4	194.194
$FeCl_2$	126.75	$K_2Cr_2O_7$	294.188
$FeCl_3$	162.2051	$KHC_8H_4O_4$	204.224
FeO	71.846	（邻苯二甲酸氢钾）	
Fe_2O_3	159.69	KH_2PO_4	136.086
$Fe(OH)_3$	106.869	K_2HPO_4	174.176
$FeSO_4 \cdot 7H_2O$	278.0176	$KHSO_4$	136.170
$FeSO_4 \cdot (NH_4)_2SO_4 \cdot 6H_2O$	392.1429	KI	166.003
H_3AsO_4	141.9430	KIO_3	214.001
H_3BO_3	61.8330	$KMnO_4$	158.034
HBr	80.9119	KNO_3	101.103
$HBrO_3$	128.9101	KOH	56.106
$HC_2H_3O_2$（醋酸）	60.0526	K_3PO_4	212.266
HCN	27.0258	KSCN	97.182

分子式	分子量	分子式	分子量
K_2SO_4	174. 260	$Na_2CO_3 \cdot 10H_2O$	386. 142
$K(SbO)C_4H_4O_6 \cdot 1/2H_2O$	333. 928	$Na_2C_2O_4$	134. 000
（酒石酸锑钾）		NaCl	58. 443
$MgCO_3$	84. 314	$Na_2H_2C_{10}H_{12}O_8N_2 \cdot 2H_2O$	372. 240
$MgCl_2$	95. 211	（EDTA 二钠二水合物）	
$MgNH_4PO_4 \cdot 6H_2O$	245. 407	$NaHCO_3$	84. 0071
MgO	40. 304	$NaHC_2O_4 \cdot H_2O$	130. 033
$Mg(OH)$	58. 320	$NaH_2PO_4 2H_2O$	156. 008
Mg_2P_2O	222. 553	$Na_2HPO_4 \cdot 12H_2O$	358. 143
$MgSO_4$	120. 369	$NaNO_3$	84. 9947
$MgSO_4 \cdot 7H_2O$	246. 476	Na_2O	61. 9790
NH_3	17. 0306	NaOH	39. 9972
NH_4Br	97. 948	$Na_2SO_4 \cdot 10H_2O$	322. 1961
$(NH_4)CO_3$	96. 0865	$Na_2S_2O_3$	58. 110
NH_4Cl	53. 492	$Na_2S_2O_3 \cdot 5H_2O$	248. 186
NH_4F	37. 0370	P_2O_5	141. 945
NH_4OH	35. 0460	PbO_2	239. 20
$(NH_4)_3PO_4 \cdot 12MoO_3$	1876. 35	$PbSO_4$	303. 26
NH_4SCN	76. 122	SO_2	64. 065
$(NH_4)_2SO_4$	132. 141	SO_3	80. 064
NO_2	45. 0055	SiO_2	60. 085
NO_3	62. 004	ZnO	81. 39
$Na_2B_4O_7 \cdot 10H_2O$	381. 372	$Zn(OH)_2$	99. 40
NaBr	102. 894	$ZnSO_4$	161. 46
Na_2CO_3	105. 9890	$ZnSO_4 \cdot 7H_2O$	287. 56

附录四　国际原子量表（《中国药典》2015 年版）

序号	元素		原子量	序号	元素		原子量
	符号	名称			符号	名称	
1	H	氢	1. 00794（7）	8	O	氧	15. 9994（3）
2	He	氦	4. 002602（2）	9	F	氟	18. 9984032（5）
3	Li	锂	6. 941（2）	10	Ne	氖	20. 1797（6）
4	Be	铍	9. 012182（3）	11	Na	钠	22. 98976928（2）
5	B	硼	10. 811（7）	12	Mg	镁	24. 3050（6）
6	C	碳	12. 0107（8）	13	Al	铝	26. 9815386（8）
7	N	氮	14. 0067（2）	14	Si	硅	28. 0855（3）

续表

序号	元素		原子量	序号	元素		原子量
	符号	名称			符号	名称	
15	P	磷	30.973762 (2)	55	Cs	铯	132.9054519 (2)
16	S	硫	32.065 (5)	56	Ba	钡	137.327 (7)
17	Cl	氯	35.453 (2)	57	La	镧	138.90547 (2)
18	Ar	氩	39.948 (1)	58	Ce	铈	140.116 (1)
19	K	钾	39.0983 (1)	59	Pr	镨	140.90765 (2)
20	Ca	钙	40.078 (4)	60	Nd	钕	144.24 (3)
21	Sc	钪	44.955912 (6)	61	Pm	钷	[145]
22	Ti	钛	47.867 (1)	62	Sm	钐	150.36 (2)
23	V	钒	50.9415 (1)	63	Eu	铕	151.964 (1)
24	Cr	铬	51.9961 (6)	64	Gd	钆	157.25 (3)
25	Mn	锰	54.938045 (5)	65	Tb	铽	158.92534 (2)
26	Fe	铁	55.845 (2)	66	Dy	镝	162.500 (3)
27	Co	钴	58.933195 (5)	67	Ho	钬	164.93032 (2)
28	Ni	镍	58.6934 (2)	68	Er	铒	167.259 (3)
29	Cu	铜	63.546 (3)	69	Tm	铥	168.93421 (2)
30	Zn	锌	65.409 (4)	70	Yb	镱	173.04 (3)
31	Ga	镓	69.723 (1)	71	Lu	镥	174.967 (1)
32	Ge	锗	72.64 (1)	72	Hf	铪	178.49 (2)
33	As	砷	74.92160 (2)	73	Ta	钽	180.94788 (2)
34	Se	硒	78.96 (3)	74	W	钨	183.84 (1)
35	Br	溴	79.904 (1)	75	Re	铼	186.207 (1)
36	Kr	氪	83.798 (2)	76	Os	锇	190.23 (3)
37	Rb	铷	85.4678 (3)	77	Ir	铱	192.217 (3)
38	Sr	锶	87.62 (1)	78	Pt	铂	195.084 (2)
39	Y	钇	88.90585 (2)	79	Au	金	196.966569 (4)
40	Zr	锆	91.224 (2)	80	Hg	汞	200.59 (2)
41	Nb	铌	92.90638 (2)	81	Tl	铊	204.3833 (2)
42	Mo	钼	95.94 (2)	82	Pb	铅	207.2 (1)
43	Tc	锝	[98]	83	Bi	铋	208.98040 (2)
44	Ru	钌	101.07 (2)	84	Po	钋	[209]
45	Rh	铑	102.90550 (2)	85	At	砹	[210]
46	Pd	钯	106.42 (1)	86	Rn	氡	[222]
47	Ag	银	107.8682 (2)	87	Fr	钫	[223]
48	Cd	镉	112.411 (8)	88	Ra	镭	[226]
49	In	铟	114.818 (3)	89	Ac	锕	[227]
50	Sn	锡	118.710 (7)	90	Th	钍	232.03806 (2)
51	Sb	锑	121.760 (1)	91	Pa	镤	231.03588 (2)
52	Te	碲	127.60 (3)	92	U	铀	238.02891 (3)
53	I	碘	126.90447 (3)	93	Np	镎	[237]
54	Xe	氙	131.293 (6)	94	Pu	钚	[244]

注：（　）表示原子量数值最后一位的不确定性，〔　〕中的数值为没有稳定同位素元素半衰期最长同位素的质量数

附录五　常用基准物质的干燥条件和应用

基准物质		干燥后组成	干燥条件 (℃)	标定对象
名称	分子式			
碳酸氢钠	$NaHCO_3$	Na_2CO_3	270~300	酸
碳酸钠	Na_2CO_3	Na_2CO_3	270~300	酸
硼砂	$Na_2B_4O_7 \cdot 10H_2O$	$Na_2B_4O_7 10H_2O$	干燥器中①	酸
草酸	$H_2C_2O_4 \cdot 2H_2O$	$H_2C_2O_4 \cdot 2H_2O$	室温空气干燥	碱或 $KMnO_4$
邻苯二甲酸氢钾	$KHC_8H_4O_4$	$KHC_8H_4O_4$	110~120	碱
重铬酸钾	$K_2Cr_2O_7$	$K_2Cr_2O_7$	140~150	还原剂
溴酸钾	$KBrO_3$	$KBrO_3$	130	还原剂
碘酸钾	KIO_3	KIO_3	130	还原剂
铜	Cu	Cu	室温空气干燥	还原剂
三氧化二砷	As_2O_3	As_2O_3	室温空气干燥	氧化剂
草酸钠	$Na_2C_2O_4$	$Na_2C_2O_4$	130	氧化剂
碳酸钙	$CaCO_3$	$CaCO_3$	110	EDTA
锌	Zn	Zn	室温干燥器保存	EDTA
氧化锌	ZnO	ZnO	900~1000	EDYA
氯化钠	$NaCl$	$NaCl$	500~600	$AgNO_3$
氯化钾	KCl	KCl	500~600	$AgNO_3$
硝酸银	$AgNO_3$	$AgNO_3$	280~290	卤化物

①在含有 NaCl 和蔗糖饱和溶液的干燥器

附录六　常用缓冲溶液的配制

缓冲溶液组成	pKa	缓冲液pH	缓冲溶液配制方法
氨基乙酸-HCl	2.35 (pKa_1)	2.3	取氨基乙酸150g溶于500ml 蒸馏水中后，加浓盐酸80ml，蒸馏水稀释至1L
H_3PO_4-柠檬酸盐		2.5	取 $Na_2HPO_4 \cdot 12H_2O$ 113g 溶于200ml 蒸馏水后，加柠檬酸387g，溶解，过滤后，稀释至1L
一氯乙酸-NaOH	2.86	2.8	取200g 一氯乙酸溶于200ml 蒸馏水中，加 NaOH 40g，溶解后，稀释至1L
邻苯二甲酸氢钾-HCl	2.95 (pKa_1)	2.9	取500g 邻苯二甲酸氢钾溶于500ml 蒸馏水中，加浓 HCl 80ml，稀释至1L

续表

缓冲溶液组成	pKa	缓冲液 pH	缓冲溶液配制方法
甲酸-NaOH	3.76	3.7	取 95g 甲酸和 NaOH 40g 于 500ml 蒸馏水中，溶解，稀释至 1L
NH₄Ac-HAc		4.5	取 NH₄Ac77g 溶于 200ml 蒸馏水中，加冰 HAc 59ml，稀释至 1L
NaAc-HAc	4.74	4.7	取无水醋酸钠 83g 溶于蒸馏水中，加冰醋酸 60ml，稀释至 1L
NaAc-HAc	4.74	5.0	取无水醋酸钠 160g 溶于蒸馏水中，加冰醋酸 60ml，稀释至 1L
NH₄Cl-HAc		5.0	取 NH₄Ac 250g 溶于蒸馏水中，加冰 HAc 25ml，稀释至 1L
六次甲基四胺-HCl	5.15	5.4	取六次甲基四胺 40g 溶于 200ml 蒸馏水中，加浓 HCl 10ml，稀释至 1L
NH₄Cl-HAc		6.0	取 NH₄Ac 600g 溶于蒸馏水中，加冰 HAc 20ml，稀释至 1L
NaAc-H₃PO₄盐		8.0	取无水 NaAc 50g 和 Na₂HPO₄·12H₂O 50g，溶于蒸馏水中，稀释至 1L
NH₃-NH₄Cl	9.26	9.2	取 NH₄Cl 54g 溶于蒸馏水中，加浓氨水 63ml，稀释至 1L
NH₃-NH₄Cl	9.26	9.5	取 NH₄Cl 54g 溶于蒸馏水中，加浓氨水 126ml，稀释至 1L
NH₃-NH₄Cl	9.26	10.0	取 NH₄Cl 54g 溶于蒸馏水中，加浓氨水 350ml，稀释至 1L

注：（1）缓冲溶液配制后可用 pH 试纸检查。如 pH 值不对，可用共轭酸或共轭碱调节。pH 值欲调节精确时，可用 pH 计调节。

（2）若需增加或减少缓冲溶液的缓冲容量时，可相应增加或减少共轭酸碱对物质的量，再调节之。

附录七　常用指示剂

（一）酸碱指示剂

指示剂名称	变色 pH 范围	颜色变化	溶液配制方法
甲基紫（第一变色范围）	0.13~0.5	黄——绿	0.1% 或 0.05% 的水溶液
甲基紫（第二变色范围）	1.0~1.5	绿——蓝	0.1% 水溶液

指示剂名称	变色 pH 范围	颜色变化	溶液配制方法
甲基紫（第三变色范围）	2.0~3.0	蓝——紫	0.1% 水溶液
二甲基黄	2.9~4.0	红——黄	0.1 或 0.01g 指示剂溶于 100ml 90% 乙醇中
甲基橙	3.1~4.4	红——橙黄	0.1% 水溶液
溴酚蓝	3.0~4.6	黄——蓝	0.1g 指示剂溶于 100ml 20% 乙醇中
刚果红	3.0~5.2	蓝紫——红	0.1% 水溶液
溴甲酚绿	3.8~5.4	黄——蓝	0.1g 溶于 100ml 20% 乙醇中
甲基红	4.4~6.2	红——黄	0.1 或 0.2g 溶于 100ml60% 乙醇中
溴百里酚蓝	6.0~7.6	黄——蓝	0.05g 溶于 100ml 20% 乙醇中
中性红	6.8—8.0	红——亮黄	0.1g 溶于 100ml 60% 乙醇溶液中
酚红	6.8~8.0	黄——红	0.1g 溶于 100ml 20% 乙醇溶液中
甲酚红	7.2~8.8	亮黄——紫红	0.1g 溶于 100ml 50% 乙醇溶液中
酚酞	8.0~10.0	无色——粉红	0.1g 溶于 100ml 60% 乙醇溶液中
百里酚酞	9.4~10.6	无色——兰色	0.1g 溶于 100ml 90% 乙醇溶液中
茜素红 S（第一变色范围）	3.7~5.2	黄——紫	0.1% 水溶液
茜素红 S（第二变色范围）	10.0~12.0	紫——淡黄	0.1% 水溶液
茜素红 R（第二变色范围）	10.1~12.1	黄——淡紫	0.1% 水溶液

（二）混合指示剂

指示剂溶液的组成	变色点（pH）	颜色		备注
		酸色	碱色	
一份 0.1% 甲基橙溶液 一份 0.25% 靛蓝（二磺酸）水溶液	4.1	紫	黄绿	pH4.1
三份 0.1% 溴甲酚绿乙醇溶液 一份 0.2% 甲基红乙醇溶液	5.1	酒红	绿	pH5.1
一份 0.2% 甲基红乙醇溶液 一份 0.1% 次甲基蓝乙醇溶液	5.4	红紫	绿	pH5.2 pH5.4 pH5.6
一份 0.1% 中性红乙醇溶液 一份 0.1% 次甲基蓝乙醇	7.0	蓝紫	绿	pH7.0
一份 0.1% 甲酚红钠盐水溶液 三份 0.1% 百里酚蓝钠盐水溶液	8.3	黄	紫	pH 8.2 pH 8.4

（三）金属离子指示剂

指示剂	离解平衡和颜色变化	溶液配制方法
铬黑 T（EBT）	$H_2In^- \xrightarrow{pK_{a_2}=6.3} HIn^{2-} \xrightarrow{pK_{a_3}=11.5} In^{3-}$ 紫红　　　　　蓝　　　　　橙	1g 铬黑 T 与 100g NaCl 混匀研细
二甲酚橙（XO）	$H_3In^{4-} \xrightarrow{pK_a=6.3} H_2In^{5-}$ 黄　　　　　红	0.2% 水溶液
K—B 指示剂	$H_2In^- \xrightarrow{pK_{a_2}=8} HIn^{2-} \xrightarrow{pK_{a_3}=13} In^{3-}$ 红　　　　　蓝　　　　　紫红	0.2g 酸性铬蓝 K 与 0.4g 奈酚绿 B 溶于 100ml 水中
钙指示剂	$H_2In^- \xrightarrow{pK_{a_2}=7.4} HIn^{2-} \xrightarrow{pK_{a_3}=13.5} In^{3-}$ 酒红　　　　　蓝　　　　　酒红	0.5% 乙醇溶液或钙指示剂：NaCl（固）= 1：100
Cu—PAN（Cuy-PAN）	$CuY+PAN+M^{n+} \Longrightarrow MY+Cu-PAN$ 浅绿　　　　　　　红色	将 0.05mol/LCu^{2+} 液 10ml，加 pH5—6 的 HAc 缓冲液 5ml，1 滴 PAN 指示剂，加热至 60℃ 左右，用 EDTA 滴至绿色
钙镁试剂（Calmagite）	$H_2In^- \xrightarrow{pK_{a_2}=8.1} Hin^{2-} \xrightarrow{pK_{a_3}=12.4} In^{3-}$ 红　　　　　蓝　　　　　红橙	0.5% 水溶液

（四）氧化还原指示剂

指示剂名称	E^{01}，（V）[H$^+$] = 1mol/L	颜色变化		溶液配制方法
		氧化态	还原态	
中性红	0.24	红	无色	0.05% 的 60% 乙醇溶液
次甲基蓝	0.36	蓝	无色	0.05% 水溶液
二苯胺	0.76	紫	无色	1% 的浓硫酸溶液
二苯胺磺酸钠	0.85	紫红	无色	0.5% 水溶液
N-邻苯氨基苯甲酸	1.08	紫红	无色	0.1g 指示剂加 20ml 5% 的 Na$_2$CO$_3$ 溶液，用水稀至 100ml
邻二氮菲-Fe（Ⅱ）	1.06	浅蓝	红	1.485g 邻二氮菲加 0.965g FeSO$_4$，溶于 100ml 水中

（五）沉淀滴定用吸附指示剂

指示剂	被测离子	滴定剂	滴定条件	溶液配制方法
萤光黄	Cl$^-$	Ag$^+$	pH 7~10（一般 7~8）	0.2% 乙醇溶液
二氯萤光黄	Cl$^-$	Ag$^+$	pH 4~10（一般 5~8）	0.1% 水溶液
曙红	Br$^-$	Ag$^+$	pH 2~10（一般 3~8）	0.5% 水溶液

续表

指示剂	被测离子	滴定剂	滴定条件	溶液配制方法
溴甲酚绿	SCN^-	Ag^+	pH 4~5	0.1%水溶液
甲基紫	Ag^{++}	Cl^-	酸性溶液	0.1%水溶液
罗丹明 6G	Ag^+	Br^-	酸性溶液	0.1%水溶液
钍试剂	SO_4^{2-}	Ba^{2+}	pH105~3.5	0.5%水溶液
溴酚蓝	Hg_2^{2+}	Cl^-、Br^-	酸性溶液	0.1%水溶液

附录八 0~95℃时标准缓冲溶液的 pH 值

温度 ℃	(1) 0.05mol/L 草酸三氢钾	(2) 25℃饱和 酒石酸氢钾	(3) 0.05mol/L 邻苯二 甲酸氢钾	(4) 0.025mol/L KH_2PO_4 + 0.025mol/L Na_2HPO_4	(5) 0.008695mol/L KH_2PO_4 + 0.03043mol/L Na_2HPO_4	(6) 0.01mol/L 硼砂	(7) 25℃饱和 氢氧化钙
0	1.666	……	4.003	6.984	7.534	9.464	13.423
5	1.668	……	3.999	6.951	7.500	9.395	13.207
10	1.670	……	3.998	6.923	7.472	9.332	13.003
15	1.672	……	3.999	6.900	7.448	9.276	12.810
20	1.675	……	4.002	6.881	7.429	9.225	12.627
25	1.679	3.557	4.008	6.865	7.413	9.180	12.454
30	1.683	3.552	4.015	6.853	7.400	9.139	12.289
35	1.688	3.549	4.024	6.844	7.389	9.102	12.133
38	1.691	3.548	4.030	6.840	7.384	9.081	12.043
40	1.694	3.547	4.035	6.838	7.380	9.068	11.984
45	1.700	3.547	4.047	6.834	7.373	9.038	11.841
50	1.707	3.549	4.060	6.833	7.367	9.011	11.705
55	1.715	3.554	4.075	6.834	……	8.985	11.574
60	1.723	3.560	4.091	6.836	……	8.962	11.449
70	1.743	3.580	4.126	6.845	……	8.921	……
80	1.766	3.609	4.164	6.859	……	8.885	……
90	1.792	3.65	4.205	6.877	……	8.850	……
95	1.806	3.674	4.227	6.886	……	8.833	……

（高金波）